概率论

齐淑华　编著

清华大学出版社
北京

内 容 简 介

本书系统地论述了概率论的概念、方法、理论及其应用，是一本为高等院校统计学以及数学专业本科生编写的教材或教学参考书. 全书共分7章，内容包括随机事件及其概率、随机变量及其分布、多维随机变量及其分布、随机变量的数字特征、条件数学期望和特征函数、大数定律与中心极限定理，还安排了概率应用举例的内容. 本书注重对学生基础知识的训练和综合能力的培养，每节后配有练习题，每章配有总复习题，并在书后附有习题答案，便于教师教学和学生自学.

本书可作为高等学校统计学专业与数学类专业的教材，亦可作为理工类和经管类本科专业学生以及需要概率知识的读者的参考书.

图书在版编目(CIP)数据

概率论/齐淑华编著. —北京：清华大学出版社，2017 (2024. 8重印)
ISBN 978-7-302-48778-4

Ⅰ. ①概…　Ⅱ. ①齐…　Ⅲ. ①概率论－高等学校－教材　Ⅳ. ①O211

中国版本图书馆 CIP 数据核字(2017)第 272061 号

责任编辑：刘　颖
封面设计：傅瑞学
责任校对：赵丽敏
责任印制：沈　露

出版发行：清华大学出版社
网　　址：https://www.tup.com.cn，https://www.wqxuetang.com
地　　址：北京清华大学学研大厦A座　　**邮　　编**：100084
社 总 机：010-83470000　　**邮　　购**：010-62786544
投稿与读者服务：010-62776969，c-service@tup.tsinghua.edu.cn
质量反馈：010-62772015，zhiliang@tup.tsinghua.edu.cn
印 装 者：北京建宏印刷有限公司
经　　销：全国新华书店
开　　本：185mm×230mm　　**印　　张**：11.5　　**字　　数**：238千字
版　　次：2017年11月第1版　　**印　　次**：2024年8月第5次印刷
定　　价：33.00元

产品编号：077319-02

前言

FOREWORD

概率论是研究随机现象数量规律性的一门学科，它的应用十分广泛，在自然科学、工程技术、农业生产等领域有着广泛的应用.随着人类社会的进步，科学技术的发展，经济全球化的日益加速，概率论在众多领域内扮演着越来越重要的角色.特别是近20年来，随着计算机的发展与普及，概率论在经济、医学、金融、保险等领域也有着越来越广泛的应用，正因如此，概率论课程也成为高等院校统计学、数学等专业本科最重要的专业基础必修课之一.

《概率论》是我们在总结多年教学实践经验基础上编写而成的，本书具有以下特点：

1. 在注意保持数学学科本身的科学性、系统性、严谨性的同时，力求做到由浅入深、深入浅出、通俗易懂、重点突出、简单扼要.既便于教师教学，又便于学生自学.

2. 本书习题分节设立，这样可以使习题更具有针对性，使学生通过本节习题的练习，更好地消化理解本节的内容.同时本书在例题和习题的选取上，力求做到典型性、应用性和现代性，以期注重学生学习兴趣的培养，达到提高综合运用数学知识的能力.

3. 在重点的数学概念后附有英文，可以使学生在学习这门课的过程中，逐渐学会数学概念对应的英文词汇，这对学生查阅概率论外文资料有很大的益处.

4. 在有些章节，大胆地改变了传统的书写顺序，改变后的顺序对老师的教学和学生的系统学习大有益处.

在撰写《概率论》过程中，为了便于读者理解和掌握，我们力求将概念叙述得清晰易懂，同时还注意了例子的多样性，所举例子涉及工业、农业、工程技术、保险、医学、经济等多个领域，以使读者在理解基本概念、掌握基本方法的同时，体会到概率知识应用的广泛性.

打星号“*”的小节为选讲内容，供学时较多时选用.

尽管在编写的过程中付出了一定的努力，但由于作者水平有限，难免有不当之处或错误，敬请同行和广大读者指正.

编　者

2017 年 7 月

目录

CONTENTS

第1章

随机事件及其概率

CHAPTER 1

本章介绍概率论中用到的基本概念及随机事件的关系与运算，重点论述概率的定义、古典概率的求法、条件概率和乘法公式、全概率公式和贝叶斯公式以及事件的相互独立性.

1.1 概率论中的基本概念

1.1.1 随机现象

客观世界中，人们观察到的现象，存在着两种类型，一种是在一定条件下必然发生的现象，称为**确定性现象**或**必然现象**. 例如，在一个标准大气压下，水在100℃时一定沸腾；竖直上抛一重物，则该重物定会竖直落下来. 另一种是**随机现象**(random phenomenon)，随机现象在自然界和人类社会中无处不在. 例如，向上抛一枚质地均匀的硬币，硬币落地的结果可能正面朝上，也可能反面朝上；掷一颗质地均匀的骰子，可能出现1点到6点中的任一点；110报警台一天中说不定接到多少次报警电话，等等，在这些现象中都可能有多种不同的结果出现，并且在一次观察中，不知道哪一种结果会出现. 这类现象称为**随机现象**. 概率论是一门研究随机现象中的数量规律的数学学科.

研究随机现象中的数量规律对于人类认识自身和自然界，有效地进行经济活动和社会活动十分必要. 人类寿命的长短，基因的遗传和变异规律，疾病的发生发展和传播规律；自然界中气候的变化规律，河流的变化规律；在经济活动中，股票价格的涨落，市场需求的变化，资金回报率的变化，保险公司经营状况的变化，等等. 这些都是需要加以研究的，而它们无一不是随机现象中的数量规律.

概率论研究的对象是随机现象. 而随机现象中的数量规律，是指在进行个别试验或观察时其结果具有不确定性，但在大量的重复试验中其结果又具有统计规律性. 在随机现象中，虽然在一次观察中，不知道哪一种结果会出现，但在大量重复观察中，其每种可能结果却呈现出某种规律性. 例如，在多次抛一枚硬币时，正面朝上的次数大致占总次数的一半. 这种在大量重复观察中所呈现出的固有规律性，就是我们所说的统计规律. 概率论正是研究和揭示随机现象统计规律性的一门数学学科.

把对某种随机现象的一次观察、观测或测量等称为一个**试验**.

下面看几个试验的例子：

(1) 将一枚硬币抛三次，观察正面 H、反面 T 出现的情况；

(2) 掷一颗骰子，观察出现的点数；

(3) 一天内进入某图书馆的人数；

(4) 对某只灯泡做试验，观察其使用寿命；

(5) 对某只灯泡做试验，观察其使用寿命是否小于 200h.

上述试验具有以下特点：①在相同的条件下试验可以重复进行；②每次试验的结果具有多种可能性，而且在试验前可以明确试验的所有可能结果；③在每次试验前，不能准确地预言该次试验将出现哪一种结果. 称这样的试验为**随机试验**(random experiment)，简称**试验**，记为 E.

注 本书以后所提到的试验均指随机试验.

1.1.2 样本空间

对于随机试验，尽管在每次试验之前不能预知其试验结果，但试验的所有可能结果是已知的，称试验所有可能结果组成的集合为**样本空间**(sample space)，记为 $\Omega=\{\omega\}$. 其中试验结果 ω 为样本空间的元素，称之为**样本点**(sample point).

设 $E_i(i=1,2,3,4,5)$分别表示上述试验(1)～(5)，以 Ω_i 表示试验 $E_i(i=1,2,3,4,5)$的样本空间，则：

(1) $\Omega_1=\{\mathrm{HHH},\mathrm{HHT},\mathrm{HTH},\mathrm{THH},\mathrm{HTT},\mathrm{THT},\mathrm{TTH},\mathrm{TTT}\}$；

(2) $\Omega_2=\{1,2,3,4,5,6\}$；

(3) $\Omega_3=\{0,1,2,\cdots\}$；

(4) $\Omega_4=\{t\mid t\geqslant 0\}$；

(5) $\Omega_5=\{$寿命小于 200h，寿命不小于 200h$\}$.

注 虽然随机试验(4)和(5)都观察某只灯泡的使用寿命，但试验目的不同，所以对应的样本空间也不同.

需要注意的是：

(1) 样本空间中的元素可以是数也可以不是数.

(2) 样本空间至少有两个样本点,仅含两个样本点的样本空间是最简单的样本空间.

(3) 从样本空间含有样本点的个数来区分,样本空间可分为有限与无限两类,譬如以上样本空间 Ω_1 和 Ω_2 中样本点的个数为有限个,而 Ω_3 及 Ω_4 中样本点的个数为无限个.但 Ω_3 中样本点的个数为可列个,像 Ω_1,Ω_2 和 Ω_3 中的元素个数为有限个或可列个的情况归为一类,称为**离散样本空间**.而将样本点的个数为不可列无限个的情况归为一类,称为**连续样本空间**.这两类样本空间有着本质的差异.

1.1.3 随机事件

一般地,我们称试验 E 的样本空间 Ω 的一个子集为**随机事件**(random event),简称**事件**,常用大写字母 $A,B,C,\cdots$表示.

做试验 E 时,若试验结果属于 A,则称事件 A 发生;否则称 A 不发生.

注 严格地说,事件是指 Ω 中的满足某些条件的子集.当 Ω 是由有限个元素或由可列无限个元素组成时,每个子集都可作为一个事件.若 Ω 是由不可列无限个元素组成时,某些子集必须排除在外,幸而这种不容许的子集在实际应用中几乎不会遇到.今后,每当我们讲到一个事件时都假定它是容许考虑的那种子集.

特别地,如果事件中只包含一个样本点,则称该事件为**基本事件**(elementary event).

【例 1】 掷一颗骰子,随机试验的样本空间 $\Omega=\{1,2,3,4,5,6\}$.指出下述集合表示什么事件?并指出哪些是基本事件.

事件 $A_1=\{1\}$,$A_2=\{2\}$;事件 $B=\{2,4,6\}$;事件 $C=\{1,3,5\}$;事件 $D=\{4,5,6\}$.

解 事件 $A_1=\{1\}$,$A_2=\{2\}$——分别表示"出现 1 点","出现 2 点",都是基本事件;

事件 $B=\{2,4,6\}$——表示"出现偶数点",非基本事件;

事件 $C=\{1,3,5\}$——表示"出现奇数点",非基本事件;

事件 $D=\{4,5,6\}$——表示"出现点数不小于 4 点",非基本事件.

由于样本空间 Ω 包含了所有的样本点,且其也是自身的一个子集,故在每次试验时,Ω 中一定有事件发生,因此,称 Ω 为**必然事件**(certain event).

例如,掷一颗骰子,事件"出现的点数小于 7"是必然事件.

空集 $\varnothing$ 不包含任何样本点,但它也是样本空间 Ω 的一个子集,由于它在每次试验中肯定不发生,所以称 $\varnothing$ 为**不可能事件**(impossible event).

例如,掷一颗骰子,事件"出现 7 点"是不可能事件.

1.1.4 事件间的关系与运算

概率论的任务之一是揭示和研究随机事件发生的规律性,我们希望通过对简单事件的研究去了解复杂事件，这就需要研究随机事件之间的关系和运算.

事件是一个集合，因而事件间的关系与事件的运算自然可按照集合论中集合之间的关系和运算来处理.

设试验 E 的样本空间为 Ω，而 $A,B,A_k(k=1,2,\cdots)$ 是 Ω 的子集.

1. 事件间的关系

(1) 事件的包含

若事件 A 发生，必有事件 B 发生，则称**事件 B 包含事件 A**（参见图 1-1），记作 $A\subset B$.

例如，掷一颗骰子，事件 $A=$“出现 4 点”，$B=$“出现偶数点”，则 $A\subset B$.

(2) 事件的相等

若 $A\subset B$ 且 $B\subset A$，则称事件 A 与事件 B **相等**，记作 $A=B$.

例如，掷两颗骰子，事件 $A=$“两颗骰子的点数之和为奇数”，$B=$“两颗骰子的点数为奇一偶”，则 $A=B$.

(3) 事件的和

事件 A 或 B 至少有一个发生，称为事件 A 与事件 B 的**和事件**(union of events)（参见图 1-2），记作 $A\cup B$ 或 $A+B$.

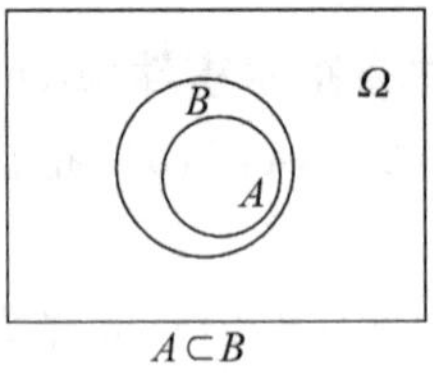

图 1-1

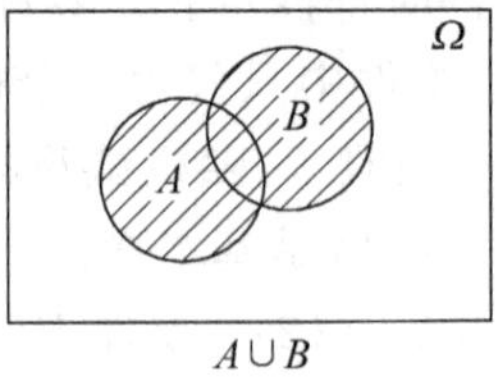

图 1-2

例如，掷一颗骰子，事件 $A=$“出现的点数小于 4 点”，$B=$“出现偶数点”，则 $A\cup B=\{1,2,3,4,6\}$.

n 个事件 $A_1,A_2,\cdots,A_n$ 的和事件表示为 $\bigcup_{i=1}^{n}A_i$，含义就是事件 $A_1,A_2,\cdots,A_n$ 中至少有一个发生.

(4) 事件的积

事件 A 与 B 同时发生，称为事件 A 与事件 B 的**积事件**(intersection of events)（参见图 1-3），也称事件 A 与 B 的交，记作 $A\cap B$ 或 AB.

例如，掷一颗骰子，事件 $A=$“出现的点数小于 5 点”，$B=$“出现偶数点”，则 $A\cap B=\{2,4\}$.

n 个事件 $A_1,A_2,\cdots,A_n$ 的积事件记作 $\bigcap_{i=1}^{n}A_i$，它表示事件 $A_1,A_2,\cdots,A_n$ 同时发生.

(5) 事件的差

事件 A 发生而 B 不发生，称为事件 A 与 B 的**差事件**（参见图 1-4），记作 $A-B$.

例如，掷一颗骰子，事件 A＝“出现的点数小于 4”，B＝“出现奇数点”，则 $A-B=\{2\}$.

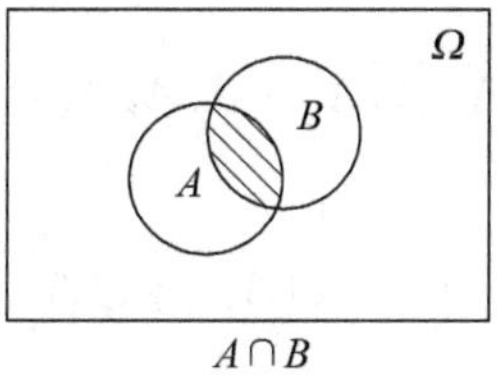

图 1-3

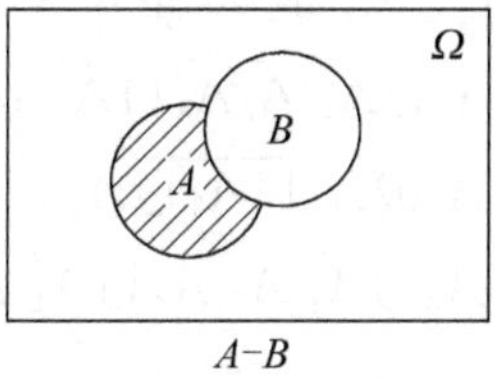

图 1-4

(6) 互不相容事件

当 $AB=\varnothing$ 时，称 A 与 B 为**互不相容事件**（mutually exclusive events）（或**互斥事件**）（参见图 1-5），简称 A 与 B 互斥，也就是说事件 A 与 B 不能同时发生.

例如，在电视机寿命试验中，“寿命小于 10000h”与“寿命大于 50000h”是两个互不相容的事件，因为它们不可能同时发生.

(7) 对立事件

若 $A\cup B=\Omega$ 且 $A\cap B=\varnothing$，则称事件 A 与 B 互为**对立事件**，或互为**逆事件**（complementary event）（参见图 1-6），A 的对立事件记作 $\overline{A}$，则 $\overline{A}=B$.

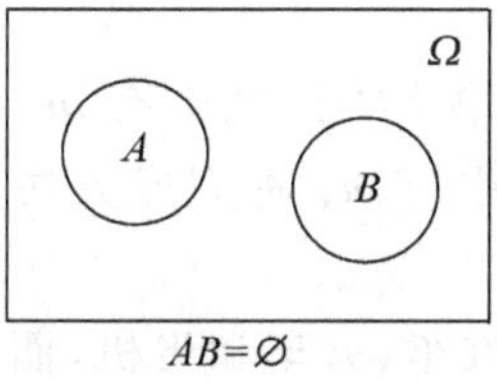

图 1-5

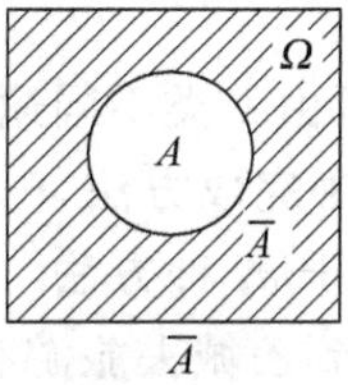

图 1-6

注 由事件的关系可得 $A-B=A\overline{B}$.

2. 事件的运算满足如下规律

(1) 交换律：$A\cup B=B\cup A$，$A\cap B=B\cap A$；

(2) 结合律：$A\cup(B\cup C)=(A\cup B)\cup C$，$A\cap(B\cap C)=(A\cap B)\cap C$；

(3) 分配律：$A\cup(B\cap C)=(A\cup B)\cap(A\cup C)$，$A\cap(B\cup C)=(A\cap B)\cup(A\cap C)$；

(4) 德摩根（De Morgan）律：$\overline{A\cup B}=\overline{A}\cap\overline{B}$，$\overline{A\cap B}=\overline{A}\cup\overline{B}$.

注 由分配律我们还可推出如下常用的运算：$A=A(B\cup\overline{B})=AB\cup A\overline{B}$.

【例 2】 从一批产品中每次取出一个产品进行检验（每次取出的产品不放回），事件 A_i 表示第 i 次取到合格品（$i=1,2,3$），试表示：

(1)三次都取到合格品；(2)三次中至少有一次取到合格品；(3)三次中恰有两次取到合格品；(4)三次中都没取到合格品；(5)三次中最多有一次取到合格品.

解 (1) $A_1A_2A_3$；

(2) $A_1\cup A_2\cup A_3$ 或 $A_1+A_2+A_3$；

(3) $A_1A_2\overline{A_3}\cup A_1\overline{A_2}A_3\cup\overline{A_1}A_2A_3$ 或 $A_1A_2\overline{A_3}+A_1\overline{A_2}A_3+\overline{A_1}A_2A_3$；

(4) $\overline{A_1}\,\overline{A_2}\,\overline{A_3}$ 或 $\overline{A_1\cup A_2\cup A_3}$；

(5) $A_1\overline{A_2}\,\overline{A_3}\cup\overline{A_1}\,\overline{A_2}A_3\cup\overline{A_1}A_2\overline{A_3}\cup\overline{A_1}\,\overline{A_2}\,\overline{A_3}$ 或 $\overline{A_2}\,\overline{A_3}\cup\overline{A_1}\,\overline{A_2}\cup\overline{A_1}\,\overline{A_3}$.

1.1.5 排列与组合

在接下来的古典概率中要用到排列组合的知识，因此在这里我们简要介绍一下排列组合.

排列与组合公式的推导都基于如下两条原理.

1. 乘法原理

如果某件事需经 k 个步骤才能完成，做第 1 步有 m_1 种方法，做第 2 步有 m_2 种方法，……，做第 k 步有 m_k 种方法，那么完成这件事共有 $m_1m_2\cdots m_k$ 种方法.

譬如，甲城到乙城有 3 条旅游线路，由乙城到丙城有 2 条旅游线路，那么从甲城经乙城去丙城共有 $3\times2=6$ 条旅游线路.

2. 加法原理

如果某件事可由 k 类不同途径之一去完成，在第 1 类途径中有 m_1 种完成方法，在第 2 类途径中有 m_2 种完成方法，……，在第 k 类途径中有 m_k 种完成方法，那么完成这件事共有 $m_1+m_2+\cdots+m_k$ 种方法.

譬如，由甲城到乙城去旅游有 3 类交通工具：汽车、火车和飞机，而汽车有 5 个班次，火车有 3 个班次，飞机有 2 个班次，那么从甲城到乙城共有 $5+3+2=10$ 个班次供旅游者选择.

3. 排列

从 n 个不同元素中任取 $m(m\leqslant n)$ 个元素，按照一定的顺序排成一列，称此为一个排列，这种排列的总数记为 P_n^m.

由乘法原理，取出第一个元素有 n 种取法，取出第二个元素有 $n-1$ 种取法，……，取出第 m 个元素有 $n-m+1$ 种取法，故 $\mathrm{P}_n^m=n(n-1)\cdots(n-m+1)=\dfrac{n!}{(n-m)!}$.

若 $m=n$，则称为全排列，显然 $\mathrm{P}_n^n=n!$.

4. 组合

从 n 个不同元素中任取 $m(m\leqslant n)$ 个元素并成一组(不考虑元素出现的先后次序)，称此为一个组合,这种组合的总数记为 C_n^m 或 $\binom{n}{m}$.

按照乘法原理,$C_n^m=\frac{P_n^m}{m!}=\frac{n!}{m!(n-m)!}=\frac{n(n-1)\cdots(n-m+1)}{m!}$.

这里规定 $0!=1$,$C_n^0=1$.

排列与组合都是计算“从 n 个元素中任取 r 个元素”的取法总数公式,其主要区别在于:如果不讲究取出元素间的次序,则用组合公式,否则用排列公式.而所谓讲究元素间的次序,可以从实际问题中得以辨别,例如两个人相互握手是不讲次序的;而两个人排队是讲次序的,因为“甲右乙左”与“乙右甲左”是两件事.

习题 1.1

1. 写出下列随机试验的样本空间:

(1) 掷两颗骰子,观察出现的点数;

(2) 连续抛一枚硬币,直至出现正面为止,正面用“1”表示,反面用“0”表示;

(3) 一超市在正常营业的情况下,某一天内接待顾客的人数;

(4) 某城市一天内的用电量.

2. 同时掷两颗骰子,设事件 A 表示“两颗骰子出现点数之和为奇数”,B 表示“点数之差为零”,C 表示“点数之积不超过 20”,用样本点的集合表示事件 $B-A$,BC,$B+\overline{C}$.

3. 设 A,B,C 为 3 个事件,试用 A,B,C 的运算关系表示下列事件:

(1) A 发生,B 与 C 不发生; (2) A 与 B 发生,C 不发生;

(3) A,B,C 都发生; (4) A,B,C 都不发生;

(5) A,B,C 不都发生; (6) A,B,C 中至少有一个发生;

(7) A,B,C 中不多于一个发生; (8) A,B,C 中至少有两个发生.

4. 指出下列关系中哪些成立,哪些不成立:

(1) $A\cup B=A\overline{B}\cup B$; (2) $\overline{A}B=A\cup B$;

(3) $(AB)(A\overline{B})=\varnothing$; (4) 若 $AB=\varnothing$,且 $C\subset A$,则 $BC=\varnothing$;

(5) 若 $A\subset B$,则 $A\cup B=B$; (6) 若 $A\subset B$,则 $AB=A$;

(7) 若 $A\subset B$,则 $\overline{B}\subset\overline{A}$; (8) $\overline{(A\cup B)C}=\overline{A}\,\overline{B}\,\overline{C}$.

5. 从某图书馆里任意取一本书,事件 A 表示“取到数学类图书”,B 表示“中文版图书”,C 表示“取到平装书”.

(1) 说明事件 $AB\overline{C}$ 的实际意义;(2) $C\subset B$ 成立意味着什么?

(3) $\overline{A}=B$ 是否意味着馆中的数学类图书都不是中文版的?

6. 从数字1,2,…,9中可重复地任取 n 次($n\geqslant 2$). 以 A 表示"所取的 n 个数字中没有5",B 表示"所取的 n 个数字中没有偶数",问事件"所取的 n 个数字的乘积能被10整除"如何用 A,B 表示?

1.2 概率的定义及其性质

概率的定义是概率论中最基本的一个问题. 简单而直观的说法是:概率是随机事件发生的可能性大小. 在一次试验中,某事件 A 能否发生难以预料,但在多次重复试验中,事件 A 的发生却能显现出确定的规律性. 事实上,事件 A 发生的可能性的大小是可以确定的. 我们的任务就是要找到对随机事件发生可能性的科学的、合理的定量描述.

1.2.1 概率的统计定义

如果随机事件 A 在 n 次重复试验中发生的次数为 n_A,则称比值 n_A/n 为事件 A 发生的**频率**(frequency),记为 $f_n(A)$.

频率在我们的日常生活中经常用到,如某中学的高考升学率,某门考试课程的及格率,某大学毕业生的就业率、考研率,某城市的失业率,某种疾病的发病率,某种子的发芽率,某植物或动物的成活率等.

由定义易见频率具有下述基本性质:

(1) $0\leqslant f_n(A)\leqslant 1$;

(2) $f_n(\Omega)=1$;

(3) 若 $A_1,A_2,\cdots,A_n$ 是两两互不相容事件,则

$$f_n(A_1\cup A_2\cup\cdots\cup A_n)=f_n(A_1)+f_n(A_2)+\cdots+f_n(A_n).$$

【例1】(抛硬币试验) 历史上有不少人做过抛硬币试验,其结果见表1-1,从表中的数据可以看出:出现正面的频率逐渐稳定在0.5.

表1-1 历史上抛硬币试验的若干结果

试验者	抛硬币试验	出现正面次数	频率
德摩根(De Morgan)	2048	1061	0.5181
蒲丰(Buffon)	4040	2048	0.5069
费勒(Feller)	10000	4979	0.4979
皮尔逊(Pearson)	12000	6019	0.5016

【例 2】(产品合格率试验) 为了检测某种产品的合格率,从一批产品中分别随机地抽出 3 件,5 件,15 件,50 件,100 件,200 件,400 件,600 件,在相同条件下进行检验,得到的统计结果如下:

产品数	3	5	15	50	100	200	400	600
合格品数	3	4	13	46	89	180	362	541
合格品频率	1.00	0.8000	0.867	0.920	0.890	0.900	0.905	0.902

当 n 取不同值时,合格品的频率 $f_n(A)$ 不尽相同. 但当 n 很大时,$f_n(A)$ 在 0.9 这个固定的数值附近摆动.

定义 1 在相同条件下进行 n 次试验,在这 n 次试验中,事件 A 发生的频率 n_A/n 在某个固定值 p 附近摆动,则称 p 为事件 A 发生的**概率**(probabiliy),记作 $P(A)=p$.

这个定义称为概率的统计定义. 其实这只是个通俗的规定,而非严格的数学定义.

概率的统计定义表明,当试验次数 n 足够大时,可用事件 A 发生的频率近似地代替 A 发生的概率.

在概率论发展历史上,曾有过概率的统计定义、概率的古典定义、概率的几何定义和概率的主观定义. 这些定义各适合一类随机现象. 那么如何给出适合一切随机现象的概率的最一般的定义呢? 1900 年数学家希尔伯特(Hilbert,1862—1943)提出要建立概率的公理化定义以解决这个问题,即以最少的几条本质特性去刻画概率的概念. 1933 年苏联数学家柯尔莫戈洛夫(Kolmogorov,1903—1987)首次提出了概率的公理化定义,这个定义既概括了历史上几种概率定义中的共同特性,又避免了各自的局限性和含混之处,不管什么随机现象,只有满足定义中的三条公理,才能说它是概率. 这一公理化体系迅速获得举世公认,是概率论发展史上的一个里程碑. 有了这个公理化定义后,概率论得到了快速的发展.

1.2.2 概率的公理化定义

定义 2 设 E 是随机试验,Ω 是它的样本空间,对于 Ω 中的每一个事件 A,赋予一个实数 $P(A)$ 与之对应,如果集合函数 $P(\cdot)$ 满足下述三条公理:

(1) **非负性** $P(A)\geqslant 0$;

(2) **规范性** $P(\Omega)=1$;

(3) **可列可加性** 若事件 $A_1,A_2,\cdots,A_n,\cdots$ 两两互不相容,则有

$$P\Big(\bigcup_{i=1}^{\infty} A_i\Big) = \sum_{i=1}^{\infty} P(A_i).$$

称实数 $P(A)$ 为事件 A 的**概率**(probability).

由概率的定义,可以推出概率的一些重要性质.

性质1 $P(\varnothing)=0$.

证明 令 $A_i=\varnothing(i=1,2,\cdots)$,则 $\bigcup_{i=1}^{\infty}A_i=\varnothing$, $A_iA_j=\varnothing(i\neq j,i,j=1,2,\cdots)$.

由可列可加性得

$$P(\varnothing)=P\left(\bigcup_{i=1}^{\infty}A_i\right)=\sum_{i=1}^{\infty}P(A_i)=\sum_{i=1}^{\infty}P(\varnothing),\quad 即\quad P(\varnothing)=P(\varnothing)+P(\varnothing)+\cdots,$$

所以 $P(\varnothing)=0$.

性质2(有限可加性) 如果 $A_1,A_2,\cdots,A_n$ 是两两互不相容的事件,则有

$$P(A_1\cup A_2\cup\cdots\cup A_n)=P(A_1)+P(A_2)+\cdots+P(A_n). \tag{1.1}$$

证明 令 $A_{n+1}=A_{n+2}=\cdots=\varnothing\Rightarrow A_iA_j=\varnothing(i\neq j,i,j=1,2,\cdots)$,由概率的可列可加性得

$$\begin{aligned}P(A_1\cup A_2\cup\cdots\cup A_n)&=P\left(\bigcup_{i=1}^{\infty}A_i\right)=P(A_1)+P(A_2)+\cdots+P(A_n)+0\\&=P(A_1)+P(A_2)+\cdots+P(A_n).\end{aligned}$$

注 由式(1.1)及 $A=AB\cup A\overline{B}$ 可得 $P(A)=P(AB)+P(A\overline{B})$.

性质3(对立事件的概率) 对于任一事件 A,有

$$P(\overline{A})=1-P(A).$$

证明 由 $A\cup\overline{A}=\Omega$, $A\overline{A}=\varnothing$, $P(\Omega)=1$ 得

$$P(\Omega)=P(A\cup\overline{A})=P(A)+P(\overline{A})=1,$$

所以 $P(\overline{A})=1-P(A)$.

性质4 如果 $A\subset B$,那么 $P(B-A)=P(B)-P(A)$,且有 $P(B)\geqslant P(A)$.

证明 由于 $A\subset B$,故 $B=A\cup(B-A)$.又因为 $A(B-A)=\varnothing$,所以

$$P(B)=P(A)+P(B-A),\quad 即\quad P(B-A)=P(B)-P(A).$$

根据 $P(B-A)\geqslant 0$,有 $P(B)\geqslant P(A)$.

性质5 对任意事件 A,B,有 $P(A-B)=P(A)-P(AB)$.

证明 因为 $A-B=A-AB$ 且 $AB\subset A$,所以由性质4得

$$P(A-B)=P(A)-P(AB).$$

【例3】 设事件 A 与 B 的概率分别为0.3,0.2,试在下列3种情况下求 $P(A-B)$.
(1) $AB=\varnothing$;(2) $B\subset A$;(3) $P(AB)=0.1$.

解 (1) 由 $AB=\varnothing$,得 $P(AB)=0$.于是

$$P(A-B)=P(A)-P(AB)=0.3-0=0.3.$$

(2) 由 $B\subset A$,得 $P(A-B)=P(A)-P(B)=0.3-0.2=0.1$.

(3) $P(A-B)=P(A)-P(AB)=0.3-0.1=0.2$.

性质 6(加法公式) 给定任意事件 A,B,有

$$P(A\cup B)=P(A)+P(B)-P(AB).$$

证明 因为 $A\cup B=A\cup(B-AB)$,所以 $P(A\cup B)=P(A)+P(B-AB)$.

又因为 $AB\subset B$,所以 $P(B-AB)=P(B)-P(AB)$,于是

$$P(A\cup B)=P(A)+P(B)-P(AB).$$

类似地,任意 3 个事件 A,B,C 和的概率公式为

$$P(A\cup B\cup C)=P(A)+P(B)+P(C)-P(AB)-P(AC)-P(BC)+P(ABC).$$

【例 4】 已知事件 $A,B,A\cup B$ 的概率分别为 0.4,0.3,0.6,求 $P(A\bar{B})$.

解 由 $P(A\cup B)=P(A)+P(B)-P(AB)$,得

$$P(AB)=P(A)+P(B)-P(A\cup B)=0.4+0.3-0.6=0.1,$$

$$P(A\bar{B})=P(A)-P(AB)=0.4-0.1=0.3.$$

【例 5】 已知 $P(A)=P(B)=P(C)=\frac{1}{4}$,$P(AC)=P(BC)=\frac{1}{16}$,$P(AB)=0$. 问:(1)$A,B,C$ 中至少有一个发生的概率是多少?(2)A,B,C 都不发生的概率是多少?

解 (1) 因为 $P(AB)=0$,且 $ABC\subset AB$,所以由性质 4 知 $P(ABC)=0$.

再由加法公式,得 A,B,C 中至少发生一个的概率为

$$\begin{aligned}P(A\cup B\cup C)&=P(A)+P(B)+P(C)-P(AB)-P(AC)-P(BC)+P(ABC)\\&=\frac{3}{4}-\frac{2}{16}=\frac{5}{8}.\end{aligned}$$

(2) 因为"A,B,C 都不发生"的对立事件为"A,B,C 中至少有一个发生",所以由对立事件计算公式得

$$P(\bar{A}\bar{B}\bar{C})=P(\overline{A\cup B\cup C})=1-P(A\cup B\cup C)=1-\frac{5}{8}=\frac{3}{8}.$$

1.2.3 概率的主观定义

人们经常会听到如下的言论:"我认为明天的股市有 90%的可能性会涨","你考试能及格的可能性超过 60%",等等,这些关于事件发生可能性的描述该如何理解呢?股票涨的可能性和考试及格的可能性,它是根据经验及对客观问题的了解进行了分析推理,综合判断而给定的.这种主观的度量被称为主观概率.主观概率为统计学中的贝叶斯(Bayes)学派采用,并在此基础上提出了先验信息和先验分布等概念.统计界的贝叶斯学派认为:一个事件的概率是人们根据经验对该事件发生的可能性所给出的个人信念.这样给出的概率称为主观概率.

用主观方法确定概率的例子：

(1) 在气象预报中，往往会说"明天下雨的概率为90%"，这是气象专家根据气象专业知识和最近的气象情况给出的主观概率. 听到这一信息的人，大多出门会带伞.

(2) 一个企业家根据他多年的经验和当时的一些市场信息，认为"某项新产品在未来市场上畅销"的可能性为90%.

(3) 一个外科医生根据自己多年的临床经验和一位患者的病情，认为"此手术成功"的可能性为90%.

(4) 一个教师根据自己多年的教学经验和甲、乙两学生的学习情况，认为"甲学生能考取大学"的可能性为95%，"乙学生能考取大学"的可能性为40%.

从以上例子可以看出：

(1) 主观概率和主观臆造有着本质上的不同，前者要求当事人对所考察的事件有透彻的了解和丰富的经验，甚至是这一行的专家，并能对历史信息和当时信息进行仔细分析，如此确定的主观概率是可信的. 从某种意义上说，不利用这些丰富的经验也是一种浪费.

(2) 主观方法得出的随机事件发生的可能性大小，本质上是对随机事件概率的一种推断和估计. 虽然结论的精确性有待实践的检验和修正，但结论的可信性在统计意义上是有其价值的.

(3) 在遇到的随机现象无法大量重复时，用主观方法去做决策和判断是适合的. 从这点看，主观方法至少是频率方法的一种补充.

另外要说明的是，主观概率的确定除根据自己的经验外，决策者还可以利用别人的经验. 例如，对一项有风险的投资，决策者向某位专家咨询的结果为"成功的可能性为60%"，而决策者很熟悉这位专家，认为专家的估计往往是偏保守的、过分谨慎的，为此决策者将结论修改为"成功的可能性为70%".

主观给定的概率要符合公理化的定义.

除以上的概率定义，还有下一节要介绍的古典概率和几何概率.

习题 1.2

1. 已知事件 A,B 满足 $P(AB)=P(\overline{A}\overline{B})$，记 $P(A)=p$，试求 $P(B)$.

2. 已知 $P(A)=0.7, P(A-B)=0.3$，试求 $P(\overline{AB})$.

3. 某人外出旅游两天. 根据天气预报，第一天下雨的概率为0.6，第二天下雨的概率为0.3，两天都下雨的概率为0.1，试求：

(1) 第一天下雨而第二天不下雨的概率；

(2) 第一天不下雨而第二天下雨的概率；

(3) 至少有一天下雨的概率；

(4) 两天都不下雨的概率；

(5) 至少有一天不下雨的概率.

4. 已知 $P(A)=P(B)=P(C)=\frac{1}{4}$，$P(AC)=\frac{1}{8}$，$P(AB)=P(BC)=0$. 求：(1) A,B,C 中至少有一个发生的概率是多少？(2) A,B,C 都不发生的概率是多少？

5. 若 $P(A)=0.5$，$P(B)=0.4$，$P(A-B)=0.3$. 求 $P(A\cup B)$ 和 $P(\overline{A}\cup\overline{B})$.

6. 设 A,B 是两事件，且 $P(A)=0.6$，$P(B)=0.7$，问：

(1) 在什么条件下 $P(AB)$ 取得最大值，最大值是多少？

(2) 在什么条件下 $P(AB)$ 取得最小值，最小值是多少？

1.3 古典概型与几何概率

1.3.1 古典概型

通过前面讲过的掷一颗骰子或一枚硬币的试验，不难发现这两个试验的结果都具有有限性和等可能性两个特点.

定义 1 如果试验 E 满足：

(1) 试验的样本空间 Ω 只含有有限个样本点，即 $\Omega=\{\omega_1,\omega_2,\cdots,\omega_n\}$；

(2) 试验中每个基本事件发生的可能性相同，即

$$P(\{\omega_1\})=P(\{\omega_2\})=\cdots=P(\{\omega_n\}).$$

则称此试验为**古典概率模型**(classical probabilistic model)，简称**古典概型**.

由于 $\Omega=\bigcup_{i=1}^{n}\{\omega_i\}$，且基本事件 $\{\omega_i\}$ 是两两互不相容的，因此有

$$1=P(\Omega)=P\left(\bigcup_{i=1}^{n}\{\omega_i\}\right)=P(\{\omega_1\})+P(\{\omega_2\})+\cdots+P(\{\omega_n\}).$$

再由定义 1 中的(2)得

$$P(\{\omega_i\})=\frac{1}{n},\quad i=1,2,\cdots,n.$$

如果事件 $A\subset\Omega$，A 中有 k 个基本事件，$A=\bigcup_{j=1}^{k}\{\omega_{i_j}\}$ $(1\leqslant i_1<\cdots<i_k\leqslant n)$，则

$$P(A)=P\left(\bigcup_{j=1}^{k}\{\omega_{i_j}\}\right)=\sum_{j=1}^{k}P(\{\omega_{i_j}\})=\frac{k}{n}.$$

由此有如下定义.

定义2 若试验结果一共由 n 个基本事件组成，并且基本事件出现的可能性相同，而事件 A 包含 $k(k\leqslant n)$ 个基本事件，则事件 A 发生的概率

$$P(A)=\frac{k}{n}=\frac{A\text{ 中包含基本事件的个数}}{\Omega\text{ 中包含基本事件的个数}}. \tag{1.2}$$

【例1】 掷一颗质地均匀的骰子，设 A 表示所掷结果为“四点或五点”；B 表示所掷结果为“偶数点”，求 $P(A)$ 和 $P(B)$.

解 掷一颗骰子，出现 6 种点数的可能性相同，因此该试验为古典概型，样本空间 $\Omega=\{1,2,3,4,5,6\}$，则事件 $A=\{4,5\}$，$B=\{2,4,6\}$，根据公式(1.2)，有

$$P(A)=\frac{2}{6}=\frac{1}{3},\quad P(B)=\frac{3}{6}=\frac{1}{2}.$$

注 当样本空间元素较多时，一般不再将 Ω 中的元素一一列出，只需求出 Ω 中与所求事件中基本事件的个数. 这时在计算中经常用到排列组合.

【例2】(抽样模型) 一口袋中装有 5 只乒乓球，其中 3 只是白色的，2 只是黄色的. 现从袋中取 2 球，每次取 1 只，采取两种方式取球. (1)第一次取一球不放回袋中，第二次从剩余的球中再取一只，这种取球方式称为**不放回抽样**；(2)第一次取一只，观察其颜色后放回袋中，搅匀后再取一球，这种取球方式称为**放回抽样**. 试分别就上面两种情况求：

① 两只球都是白色的概率；② 两只球颜色不同的概率；③ 至少有一只白球的概率.

解 设事件 $A=\{$两只球都是白球$\}$，事件 $B=\{$两只球颜色不同$\}$，事件 $C=\{$至少有一只白球$\}$，则：

(1) **不放回抽样** 试验的样本空间 Ω 共包含 $n=5\times4=20$ 个基本事件，事件 A 包含 $k_A=3\times2=6$ 个基本事件，事件 B 包含 $k_B=3\times2+2\times3=12$ 个基本事件，事件 C 包含 $k_C=3\times2+2\times3+3\times2=18$ 个基本事件，由此得

① $P(A)=\frac{k_A}{n}=\frac{6}{20}=\frac{3}{10}$；② $P(B)=\frac{k_B}{n}=\frac{12}{20}=\frac{3}{5}$；③ $P(C)=\frac{k_C}{n}=\frac{18}{20}=\frac{9}{10}$.

另外，$P(C)=1-P(\bar{C})=1-\frac{2\times1}{5\times4}=\frac{9}{10}$.

(2) 放回抽样

① $P(A)=\frac{3\times3}{5\times5}=\frac{9}{25}$；② $P(B)=\frac{3\times2+2\times3}{5\times5}=\frac{12}{25}$；③ $P(C)=\frac{3\times3+3\times2+2\times3}{5\times5}=\frac{21}{25}$.

另外，$P(C)=1-P(\bar{C})=1-\frac{2\times2}{5\times5}=\frac{21}{25}$.

【例3】(彩票问题) 一种福利彩票称为幸福 35 选 7，即从 01，02，…，35 中不重复的开出 7 个基本号码和一个特殊号码. 中各等奖的规则如表 1-2 所示，试求各等奖的中奖概率.

表 1-2

中奖级别	中奖规则
一等奖	7个基本号码全中
二等奖	中6个基本号码及特殊号码
三等奖	中6个基本号码
四等奖	中5个基本号码及特殊号码
五等奖	中5个基本号码
六等奖	中4个基本号码及特殊号码
七等奖	中4个基本号码,或中3个基本号码及特殊号码

解 因为不重复地选号码是一种不放回抽样,所以样本空间 Ω 中含有 C_{35}^7 个基本事件.

将35个号码分为三类:第一类号码为7个基本号码;第二类号码为1个特殊号码;第三类号码为27个无用号码.

若记 p_i 为"中第 i 等奖"的概率($i=1,2,\cdots,7$),可得各等奖的中奖概率如下:

$$p_1=\frac{C_7^7C_1^0C_{27}^0}{C_{35}^7}=\frac{1}{6724520}=0.149\times10^{-6},\quad p_2=\frac{C_7^6C_1^1C_{27}^0}{C_{35}^7}=1.04\times10^{-6},$$

$$p_3=\frac{C_7^6C_1^0C_{27}^1}{C_{35}^7}=28.106\times10^{-6},\quad p_4=\frac{C_7^5C_1^1C_{27}^1}{C_{35}^7}=84.318\times10^{-6}.$$

同理可得

$$p_5=1.096\times10^{-3},\quad p_6=1.827\times10^{-3},\quad p_7=30.448\times10^{-3}.$$

若记事件 A 表示"中奖",则事件 $\overline{A}$ 为"不中奖",可得

$$P(A)=p_1+p_2+p_3+p_4+p_5+p_6+p_7=\frac{225170}{6724520}=0.033485,$$

$$P(\overline{A})=1-P(A)=0.966515.$$

以上的结果说明:100人中约有3人中奖;而中一等奖的概率只有 0.149×10^{-6},即2000万人中约有3人中一等奖.因此购买彩票要有平常心,不要期望过高.

【例4】 已知8支球队中有3支弱队,以抽签方式将这8支球队分为 A,B 两组,每组4支球队,求:(1)A,B 两组中有一组恰有两支弱队的概率 p_1;(2)A 组中至少有两支弱队的概率 p_2.

解 (1) $p_1=\dfrac{C_2^1C_3^2C_5^2}{C_8^4}=\dfrac{6}{7}$.

另外,对立事件"3支弱队在同一组"的概率为 $\dfrac{2\times C_5^1}{C_8^4}=\dfrac{1}{7}$,则

$$p_1=1-\frac{1}{7}=\frac{6}{7}.$$

(2) $p_2=\frac{C_3^2C_5^2}{C_8^4}+\frac{C_3^3C_5^1}{C_8^4}=\frac{1}{2}$.

【例 5】 在 1 到 1000 的整数中随机地取一个数,问取到的整数既不能被 2 整除也不能被 3 整除的概率是多少?

解 设事件 A={取到的数能被 2 整除},事件 B={取到的数能被 3 整除}.

由于$\frac{1000}{2}=500,333<\frac{1000}{3}<334$,所以

$$P(A)=\frac{500}{1000},\quad P(B)=\frac{333}{1000}.$$

又由于一个数能同时被 2 与 3 整除,就相当于能被 6 整除,因此由 $166<\frac{1000}{6}<167$,得 $P(AB)=\frac{166}{1000}$. 于是所求概率为

$$\begin{aligned}P(\overline{A}\,\overline{B})&=P(\overline{A\cup B})=1-P(A\cup B)=1-[P(A)+P(B)-P(AB)]\\&=1-\left(\frac{500}{1000}+\frac{333}{1000}-\frac{166}{1000}\right)=\frac{333}{1000}.\end{aligned}$$

【例 6】(盒子模型) 设有 n 个球,每个球都等可能地被放到 N 个不同盒子中,每个盒子所放球数不限. 求:

(1) 指定的 $n(n\leqslant N)$个盒子中各有一球的概率 p_1;

(2) 恰好有 $n(n\leqslant N)$个盒子中各有一球的概率 p_2.

解 因为每个球都可放到 N 个盒子中的任一个,所以 n 个球放的方式共有 N^n 种,它们是等可能的.

(1) $p_1=\frac{n!}{N^n}$.

(2) 问题(2)与(1)的差别在于:此 n 个盒子可以在 N 个盒子中任意选取. 此时可分为两步做:第一步从 N 个盒子中取 n 个盒子,共有 C_N^n 种取法;第二步将 n 个球放入选中的 n 个盒子中,每个盒子各放 1 个球,共有 $n!$ 种放法. 所以根据乘法原则,事件"恰好 $n(n\leqslant N)$个盒子中各有一球"共包含 $C_N^n n!$ 个基本事件,则

$$p_2=\frac{C_N^n n!}{N^n}=\frac{P_N^n}{N^n}.$$

下面我们用盒子模型来讨论概率论历史上颇有名的"生日问题".

【例 7】(生日问题) 设有 n 个人(假设一年有 365 天,$n\leqslant 365$),且每个人的生日在一年 365 天中的任意一天是等可能的. 求:

(1) n 个人的生日全不相同的概率 p_1;

(2) n 个人中至少有两个人的生日相同的概率 p_2.

解 (1) 将 n 个人看成是 n 个球,将一年 365 天看成是 $N=365$ 个盒子,则"n 个人的

生日全不相同"就相当于"恰好有 $n(n\leqslant N)$ 个盒子中各有一球",所以 n 个人的生日全不相同的概率为

$$p_1=\frac{P_{365}^n}{365^n}=\frac{365!}{365^n(365-n)!}.$$

(2) $p_2=1-\dfrac{P_{365}^n}{365^n}$.

$n=64$ 时,$p_2=0.997$,这表示在仅有 64 人的班级里,"至少有两个人的生日相同"的概率接近于 1,这和我们平时想象的这种情况发生的可能性很小不太一样. 这也告诉我们,"直觉"并不可靠,同时也说明研究随机现象的统计规律性是非常重要的.

1.3.2 几何概型

古典概型只适用于基本事件的总数有限的情形,假设试验的所有可能结果即基本事件的总数有无穷多个,而样本点的出现又类似于古典概型中的等可能性,就得到几何概型.

定义 3 若一试验满足:(1)试验的样本空间 Ω 是直线上的某个区间,或者是平面上的某个区域,或者是空间上的某个区域,从而 Ω 含有无穷多个样本点;(2)每个样本点发生的可能性相同. 称此试验为**几何概型**.

定义 4 如果随机试验的样本空间 Ω 充满某个区域,其度量(长度、面积或体积等)大小可用 S_Ω 表示,且任意一点落在度量相同的子区域内的概率是相等的. 若事件 A 为 Ω 中的某个子区域,其度量大小可用 S_A 表示,则事件 A 发生的概率为 $P(A)=\dfrac{S_A}{S_\Omega}$.

【例 8】(会面问题) 甲乙两人约定 6:00～7:00 之间在某处会面,并约定先到者应等候另一个人 20min,过时即可离去. 求两人能会面的概率.

解 设 $A=\{$两人能会面$\}$,以 x 和 y 分别表示甲乙两人到达约会地点的时间(单位: min),在平面上建立直角坐标系(参见图 1-7),则 $S_\Omega=60^2$,而 $|x-y|\leqslant 20$,即 $x-20\leqslant y\leqslant x+20$,阴影部分面积 $S_A=60^2-40^2$,所以 A 发生的概率为

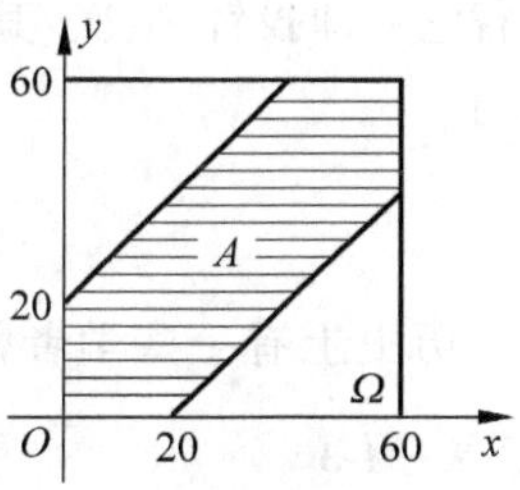

图 1-7

$$P(A)=\frac{S_A}{S_\Omega}=\frac{60^2-40^2}{60^2}=\frac{5}{9}.$$

【例 9】(Buffon 投针问题) 平面上画有间隔为 $d(d>0)$ 的等距平行线,向平面任意投掷一枚长为 $l(l<d)$ 的针,求针与任一平行线相交的概率.

解 设 x 表示针的中点与最近一条平行线的距离,φ 表示针与此直线间的夹角(参见

图 1-8(a)). 易知样本空间 $\Omega=\left\{(x,\varphi)\mid 0\leqslant x\leqslant \frac{d}{2},0\leqslant\varphi\leqslant\pi\right\}$,在 φ-x 平面上这是一个矩形,其面积为 $S_\Omega=\frac{\pi d}{2}$. 记事件 $A=\{$针与平行线相交$\}$,事件 A 发生的充要条件是(参见图 1-8(a))

$$x\leqslant\frac{l}{2}\sin\varphi.$$

由这个不等式表示的区域是(图 1-8(b))中的阴影部分. 由于针是向平面任意投掷的,所以由等可能性知这是一个几何概率的问题. 于是

$$P(A)=\frac{S_A}{S_\Omega}=\frac{\int_0^\pi \frac{l}{2}\sin\varphi\mathrm{d}\varphi}{\frac{\pi}{2}d}=\frac{2l}{\pi d}.$$

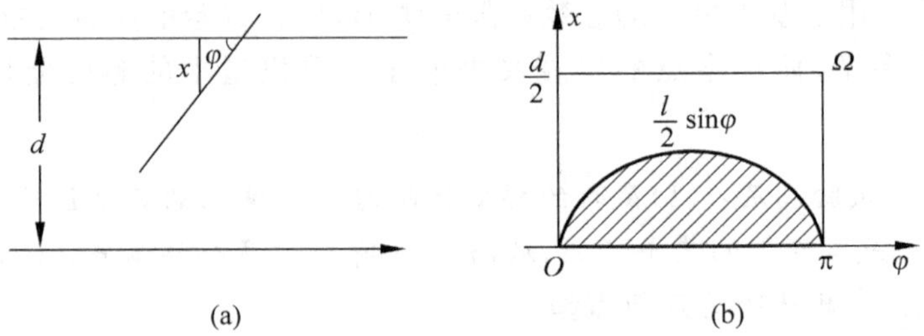

图 1-8

如果 l,d 为已知,则以 π 的值代入上式即可计算得 $P(A)$之值. 反之,如果已知 $P(A)$ 的值,则也可以利用上式去求 π. 而关于 $P(A)$的值,也可以用从试验中获得的频率去近似代替它: 即投针 N 次,其中针与平行线相交 n 次,则频率 n/N 可作为 $P(A)$的估计值,于是由

$$\frac{n}{N}\approx P(A)=\frac{2l}{d\pi},\quad 可得\quad \pi\approx\frac{2lN}{dn}.$$

历史上有一些学者曾亲自做过这个试验,表 1-3 记录了他们的试验结果.

表 1-3

试 验 者	年份	l/d	投掷次数	相交次数	π 的近似值
Wolf	1850	0.80	5000	2532	3.1596
Fox	1884	0.75	1030	489	3.1595
Lazzerini	1901	0.83	3408	1808	3.1415
Reina	1925	0.54	2520	859	3.1795

这是一个颇为奇妙的方法：只要设计一个随机试验，使一个事件的概率与某个未知数有关，然后通过重复试验，以频率估计概率，即可求得未知数的近似解．一般来说，试验次数越多，则求得的近似解就越精确．随着计算机的出现，人们便可利用计算机来大量重复地模拟所设计的随机试验．这种方法得到了迅速的发展和广泛的应用．人们称这种方法为**随机模拟法**，也称为**蒙特卡罗（Monte Carlo）法**．

习题 1.3

1. 抛 3 枚硬币，求：(1) 3 枚正面都朝上的概率；(2) 恰有一枚正面朝上的概率；(3) 至少有一枚正面朝上的概率．

2. 口袋中有 10 个球，分别标有号码 1 到 10，现从中不放回地任取 3 个，记下取出球的号码，试求：(1) 最小号码为 5 的概率；(2) 最大号码为 5 的概率．

3. 掷两颗骰子，求下列事件的概率：

(1) 点数之和为 7；(2) 点数之和不超过 5；(3) 两个点数中一个恰是另一个的两倍．

4. 设 5 个产品中有 3 个合格品，2 个不合格品．从中不放回的任取 2 个，求取出的 2 个中全是合格品、仅有一个合格品和没有合格品的概率各为多少？

5. 从 0,1,2,…,9 这 10 个数字中任取 3 个不同的数字，试求：

(1) 3 个数字中不含 0 和 5 的概率；

(2) 3 个数字中含 0 但不含 5 的概率；

(3) 3 个数字中不含 0 或 5 的概率．

6. 一套书共有 5 册，按任意次序放到书架上，试求下列事件的概率：

(1) 其中指定的两册书放在旁边；(2) 指定的两册书都不出现在旁边；(3) 指定的一册书正好在中间．

7. 两封信随机地向标号为 Ⅰ，Ⅱ，Ⅲ，Ⅳ 的 4 个邮筒投寄，求：(1) Ⅱ 号邮筒恰好被投入 1 封信的概率；(2) 前两个邮筒各有 1 封信的概率．

8. 一寝室有 4 个人，假定每个人的生日在 12 个月的每一个月是等可能的，求至少有两个人的生日在同一个月的概率．

9. 电梯从第 1 层到第 15 层，开始时电梯里有 10 个人，每个人都可能在 2～15 层下电梯，求下列事件的概率：(1) 10 个人在同一层下电梯；(2) 10 个人都在第 10 层下电梯；(3) 10 个人中有 5 个人在第 10 层下电梯．

10. 将 3 个球随机地放入 4 个杯子中，求杯子中球的最多个数分别是 1,2,3 的概率．

11. 从 (0,1) 中随机地取两个数，求两数之和小于 $\frac{6}{5}$ 的概率．

12. 甲乙两艘轮船驶向一个不能同时停泊两艘轮船的码头，它们在一昼夜内到达的时间是等可能的.如果甲船的停泊时间是1h,乙船的停泊时间是2h,求它们中任何一艘都不需要等候码头空出的概率是多少?

1.4 条件概率与全概率公式

1.4.1 条件概率

在解决许多概率问题时,往往需要求在有某些附加信息(条件)下事件发生的概率,即研究在事件 A 已经发生的条件下,事件 B 发生的概率,记为 $P(B|A)$.一般情况下,条件概率 $P(B|A)$ 与无条件概率 $P(B)$ 不等.

【例 1】 现有一批灯泡,甲厂生产的 100 个,其中次品是 10 个,乙厂生产的 200 个,其中次品是 40 个,随机抽取一个检测.设 $A=\{$抽到甲厂生产的灯泡$\}$,$B=\{$抽到次品$\}$.求 $P(A),P(B),P(AB),P(B|A)$.

解 显然 $P(A)=\frac{100}{300},P(B)=\frac{50}{300},P(AB)=\frac{10}{300}$.

而 $P(B|A)$ 表示甲厂生产的 100 个产品中,抽到次品的概率,即 $P(B|A)=\frac{10}{100}$.

另一方面 $P(B|A)=\frac{10}{100}=\frac{10/300}{100/300}=\frac{P(AB)}{P(A)}$.

这个关系具有一般性,即条件概率是两个无条件概率之商,下面给出条件概率的定义.

定义 1 设 A,B 是样本空间 Ω 的两个事件,且 $P(A)>0$,则称

$$P(B \mid A)=\frac{P(AB)}{P(A)} \tag{1.3}$$

为在事件 A 发生的条件下,事件 B 发生的**条件概率**(conditional probability),简称**条件概率**.

注 条件概率 $P(B|A)$ 是在事件 A 已经发生的条件下(此时样本空间缩小为 A),讨论事件 B 发生的概率.

设 B 是一事件,且 $P(A)>0$,则条件概率具有如下性质:

(1) 对任一事件 B,$0\leqslant P(B|A)\leqslant 1$;

(2) $P(\Omega|A)=1$;

(3) 设 $B_1,B_2,\cdots,B_n,\cdots$ 是两两互不相容的事件,则

$$P(B_1\cup B_2\cup\cdots\cup B_n\cup\cdots\mid A)=P(B_1\mid A)+P(B_2\mid A)+\cdots+P(B_n\mid A)+\cdots.$$

而且,前面对概率所证明的一切性质,也都适用于条件概率.

例如，对任意事件 B_1 和 B_2，有

$$P(B_1 \cup B_2 \mid A) = P(B_1 \mid A) + P(B_2 \mid A) - P(B_1B_2 \mid A).$$

其他性质请读者自己写出.

【例 2】 考虑恰有两个小孩的家庭，若已知某一家有男孩，求这家有两个男孩的概率；若已知某家第一个是男孩，求这家有两个男孩(相当于第二个也是男孩)的概率(假定生男生女是等可能的).

解 设 B 表示有男孩，A 表示有两个男孩，B_1 表示第一个是男孩，我们有

$\Omega = \{$(男，男)，(男，女)，(女，男)，(女，女)$\}$，

$B = \{$(男，男)，(男，女)，(女，男)$\}$，$A = \{$(男，男)$\}$，$B_1 = \{$(男，男)，(男，女)$\}$，

于是

$$P(B) = \frac{3}{4}, \quad P(B_1) = \frac{1}{2}, \quad P(AB) = P(A) = \frac{1}{4}, \quad P(AB_1) = P(A) = \frac{1}{4},$$

所求的两个条件概率为

$$P(A \mid B) = \frac{P(AB)}{P(B)} = \frac{\frac{1}{4}}{\frac{3}{4}} = \frac{1}{3}, \quad P(A \mid B_1) = \frac{P(AB_1)}{P(B_1)} = \frac{\frac{1}{4}}{\frac{1}{2}} = \frac{1}{2}.$$

1.4.2 乘法公式

由条件概率的定义，可以得到下面的乘法公式.

乘法公式 设 $P(A)>0$，则有

$$P(AB) = P(A)P(B \mid A). \tag{1.4}$$

同样地，设 $P(B)>0$，则有 $P(AB)=P(B)P(A|B)$.

式(1.4)也可以推广到多个事件的情形.

一般地，对于事件 $A_1, A_2, \cdots, A_n$，若 $P(A_1A_2\cdots A_{n-1})>0$，则有

$$P(A_1A_2\cdots A_n) = P(A_1)P(A_2 \mid A_1)P(A_3 \mid A_1A_2)\cdots P(A_n \mid A_1A_2\cdots A_{n-1}).$$

【例 3】 设袋中装有 r 只红球，t 只白球，每次自袋中任取一只球，观察其颜色然后放回，并再放入 a 只与所取出的那只球同色的球，若在袋中连续取球四次，试求第一、二次取到红球且第三、四次取到白球的概率.

解 设 $A_i=\{$第 i 次取到红球$\}(i=1,2,3,4)$，则$\overline{A_3}$，$\overline{A_4}$分别表示事件第三、四次取到白球，所求概率为

$$\begin{aligned} P(A_1A_2\overline{A_3}\,\overline{A_4}) &= P(A_1)P(A_2 \mid A_1)P(\overline{A_3} \mid A_1A_2)P(\overline{A_4} \mid A_1A_2\overline{A_3}) \\ &= \frac{r}{r+t} \cdot \frac{r+a}{r+t+a} \cdot \frac{t}{r+t+2a} \cdot \frac{t+a}{r+t+3a}. \end{aligned}$$

【例 4】 10 个考签中，有 4 个难签，3 人参加不放回抽签，甲先、乙次、丙最后. 求：(1)甲抽到难签的概率；(2)甲、乙都抽到难签的概率；(3)甲未抽到难签、乙抽到难签的概率；(4)甲、乙、丙都抽到难签的概率；(5)乙抽到难签的概率.

解 设事件 A,B,C 分别表示甲、乙、丙抽到难签，则：

(1) $P(A)=\dfrac{4}{10}=\dfrac{2}{5}$；

(2) $P(AB)=P(A)P(B|A)=\dfrac{4}{10}\times\dfrac{3}{9}=\dfrac{2}{15}$；

(3) $P(\overline{A}B)=P(\overline{A})P(B|\overline{A})=\dfrac{6}{10}\times\dfrac{4}{9}=\dfrac{4}{15}$；

(4) $P(ABC)=P(A)P(B|A)P(C|AB)=\dfrac{4}{10}\times\dfrac{3}{9}\times\dfrac{2}{8}=\dfrac{1}{30}$；

(5) $P(B)=P(AB+\overline{A}B)=P(AB)+P(\overline{A}B)=\dfrac{2}{15}+\dfrac{4}{15}=\dfrac{2}{5}$.

同理可得丙抽到难签的概率也是$\dfrac{2}{5}$，从而也说明甲、乙、丙分别抽到难签的概率与抽签顺序无关.

1.4.3 全概率公式

全概率公式是概率论中的一个重要公式，它是在计算比较复杂事件的概率时，把较复杂事件分解为若干个互不相容的简单事件的和，再利用概率的性质或相关公式求得最后结果. 在给出全概率公式之前，首先介绍一下样本空间划分的定义.

定义 2 设 Ω 为随机试验 E 的样本空间，$A_1,A_2,\cdots,A_n$ 是 Ω 的一组事件，若

(1) $A_iA_j=\varnothing \quad (i\neq j,i,j=1,2,\cdots,n)$；

(2) $\bigcup\limits_{i=1}^{n} A_i=\Omega$.

则称 $A_1,A_2,\cdots,A_n$ 为样本空间 Ω 的一个划分，也称之为一个**完备事件组**.

例如，在例 4 中，A 表示“甲抽到难签”，$\overline{A}$ 表示“甲没抽到难签”，$A,\overline{A}$ 就是样本空间的一个划分.

定理 1 设随机试验 E 的样本空间为 $\Omega,A_1,A_2,\cdots,A_n$ 是 Ω 的一个划分，且 $P(A_i)>0$ $(i=1,2,\cdots,n)$，B 为 E 的任意一个事件，则称

$$P(B)=\sum_{i=1}^{n}P(A_i)P(B\mid A_i) \tag{1.5}$$

为**全概率公式**(total probability formula).

证明 因为 $B=\Omega B=(A_1\cup A_2\cup\cdots\cup A_n)B=A_1B\cup A_2B\cup\cdots\cup A_nB$，而 $A_iA_j=\varnothing$，所以

$$(A_iB)(A_jB)=\varnothing,\quad i\neq j,i,j=1,2,\cdots,n.$$

由加法公式有 $P(B)=P(A_1B)+P(A_2B)+\cdots+P(A_nB)$.

再由乘法公式有

$$P(B)=P(A_1)P(B\mid A_1)+P(A_2)P(B\mid A_2)+\cdots+P(A_n)P(B\mid A_n)$$

即 $P(B)=\sum\limits_{i=1}^{n}P(A_i)P(B\mid A_i)$.

【例 5】 某电视机制造厂从甲、乙、丙三个不同的分厂进一批电子元件，进货率分别是 50%，30%，20%. 由以往的经验得知三个分厂产品的次品率依次为 2%，4%，5%. 求该厂进这批产品的次品率.

解 设 $B=\{$取出的一只为次品$\}$，A_1,A_2,A_3 分别表示"取出的产品来自甲、乙、丙三家分厂". 显然，A_1,A_2,A_3 为样本空间的一个划分，且

$$P(A_1)=50\%,\quad P(A_2)=30\%,\quad P(A_3)=20\%,$$
$$P(B\mid A_1)=2\%,\quad P(B\mid A_2)=4\%,\quad P(B\mid A_3)=5\%.$$

由全概率公式，得

$$\begin{aligned}P(B)&=P(A_1)P(B\mid A_1)+P(A_2)P(B\mid A_2)+P(A_3)P(B\mid A_3)\\&=50\%\times2\%+30\%\times4\%+20\%\times5\%\\&=0.032.\end{aligned}$$

在例 5 中，如果已知取出的一只是次品，反过来问这只次品是乙分厂生产的概率有多大，实际中有很多类似的问题，即在已知某结果发生的条件下，求各原因发生可能性的大小，这需要另一个重要的公式——贝叶斯公式.

1.4.4 贝叶斯公式

定理 2 设随机试验 E 的样本空间为 Ω，$A_1,A_2,\cdots,A_n$ 是 Ω 的一个划分，且 $P(A_i)>0(i=1,2,\cdots,n)$，B 为 E 的任意一个事件，则

$$P(A_i\mid B)=\frac{P(A_i)P(B\mid A_i)}{\sum\limits_{j=1}^{n}P(A_j)P(B\mid A_j)},\quad i=1,2,\cdots,n \tag{1.6}$$

此公式称为**贝叶斯公式**(Bayes formula).

证明 由式(1.3)得，$P(A_i\mid B)=\dfrac{P(A_iB)}{P(B)}$.

再分别由式(1.4)和式(1.5)得

$$P(A_iB)=P(A_i)P(B\mid A_i),\quad P(B)=\sum_{j=1}^{n}P(A_j)P(B\mid A_j),$$

即 $P(A_i\mid B)=\dfrac{P(A_i)P(B\mid A_i)}{\sum\limits_{j=1}^{n}P(A_j)P(B\mid A_j)}$.

该公式于1763年由贝叶斯(Bayes)给出.若将事件B看作结果,将A_i看作原因,则式(1.6)表示在观察到结果B已发生的条件下,寻找导致B发生的原因A_i的概率.即全概率公式是"由因溯果",而贝叶斯公式是"由果溯因".

【例6】 在例5中,若从这批产品中任取一只电子元件发现是次品,求此次品是乙分厂生产的概率.

解 由贝叶斯公式得

$$P(A_2\mid B)=\frac{P(A_2)P(B\mid A_2)}{P(B)}=\frac{0.3\times 0.04}{0.032}=0.375.$$

同理可得,$P(A_1|B)=0.3125$,$P(A_3|B)=0.3125$.

【例7】 某一城市有25%的汽车废气排放量超过规定,一辆废气排放量超标的汽车不能通过检验站检验的概率是0.99,但一辆废气排放量未超标的汽车也有0.05的概率不能通过检验.求:

(1) 一辆汽车通过时未通过检验的概率;

(2) 一辆未通过检验的汽车,它的废气排放量超标的概率.

解 设$B=\{$汽车未通过检验$\}$,$A=\{$汽车废气排放量超过规定$\}$.显然,$A,\overline{A}$为样本空间的一个划分.根据题意

$$P(A)=25\%,\quad P(\overline{A})=75\%,\quad P(B\mid A)=0.99,\quad P(B\mid \overline{A})=0.05.$$

(1) 由全概率公式,有

$$P(B)=P(A)P(B\mid A)+P(\overline{A})P(B\mid \overline{A})=25\%\times 0.99+75\%\times 0.05=0.285.$$

(2) 由贝叶斯公式 $P(A|B)=\dfrac{P(A)P(B|A)}{P(B)}=\dfrac{25\%\times 0.99}{0.285}\approx 0.8684$.

【例8】 某一地区居民的肝癌发病率为0.0004,现用甲胎蛋白法进行普查.化验结果是存在误差的.已知真正患有肝癌的人其化验结果95%呈阳性(有病),而确实没有患肝癌的人其化验结果90%呈阴性(无病).现抽查了一个人,试验反应是阳性,问此人真是癌症患者的概率有多大?

解 设$B=\{$试验结果是阳性$\}$,$A=\{$抽查的人确实患有癌症$\}$.显然,$A,\overline{A}$为样本空间的一个划分.根据题意有

$$P(A)=0.0004,\quad P(\overline{A})=0.9996,\quad P(B\mid A)=95\%,\quad P(B\mid \overline{A})=10\%.$$

由贝叶斯公式得

$$P(A \mid B)=\frac{P(A)P(B \mid A)}{P(A)P(B \mid A)+P(\bar{A})P(B \mid \bar{A})}$$
$$=\frac{0.0004 \times 0.95}{0.0004 \times 0.95+0.9996 \times 0.1} \approx 0.0038.$$

本题中，$P(A)=0.0004$ 是**先验概率**(prior probability)，而 $P(A|B)\approx 0.0038$ 是**后验概率**(posterior probability)，结果表明在检查出阳性的 10000 个人中，大约有 38 个人确实患有癌症. 所以即使检出阳性，尚可不必过早下结论确实患有癌症，此时医生常要通过再试验来确认.

习题 1.4

1. (1) 已知 $P(A)=0.6, P(B)=0.5, P(B|A)=0.4$，求 $P(A|B)$；

(2) 已知 $P(A)=0.5, P(B)=0.6, P(B|\bar{A})=0.4$，求 $P(A\cup B)$；

(3) 已知 $P(\bar{A})=0.3, P(B)=0.4, P(A\bar{B})=0.5$，求 $P(B|A\cup\bar{B})$.

2. 设某动物出生后，能活到 20 岁的概率是 0.8，能活到 25 岁的概率是 0.3，现有一只恰好 20 岁的这种动物，求它能活到 25 岁的概率是多少？

3. 已知 10 只电子元件中有 2 只是次品，在其中任取两次，每次任取一只，作不放回抽样，求下列事件的概率.

(1) 第一次正品，第二次次品；　　(2) 一次正品，一次次品；

(3) 两次都是正品；　　(4) 第二次取到次品.

4. 某人忘记了电话号码的最后一个数字，只好随意拨号. (1)求他不超过 3 次拨通电话的概率；(2)如果他记得最后一位数是奇数，求他不超过 3 次拨通电话的概率.

5. 车间有甲、乙、丙 3 台机床生产同一种产品，且知它们的次品率依次是 0.2, 0.3, 0.1，而生产的产品数量比为：甲∶乙∶丙=2∶3∶5，现从产品中任取一个，(1)求它是次品的概率；(2)若发现取出的产品是次品，求次品是来自机床乙的概率.

6. 设 100 个男人中有 5 个色盲患者，而 10000 个女人中有 25 个色盲患者. 今从人群中任选一人. (1)求此人是色盲患者的概率；(2)如果发现选定的一人是色盲患者，求此人是男性的概率(假设人群中男女人数相等).

7. 某人从甲地到乙地，乘火车、轮船、汽车、飞机的概率分别是 0.2, 0.1, 0.3, 0.4，乘火车不迟到的概率为 0.6，乘轮船不迟到的概率为 0.8，乘汽车不迟到的概率为 0.4，乘飞机不会迟到. (1)问这个人没有迟到的概率是多少？(2)若这个人没有迟到，问他乘轮船的概率是多少？

8. 三个箱子中，第一箱装有 4 个黑球 1 个白球，第二箱装有 3 个黑球 3 个白球，第三箱装有 3 个黑球 5 个白球. 现先任取一箱，再从该箱中任取一球. 问：(1)取出的球是白球的概率？(2)若取出的球为白球，则该球属于第二箱的概率？

9. 一学生接连参加同一课程的两次考试. 第一次及格的概率为 p，若第一次及格则第二次及格的概率也为 p，若第一次不及格则第二次及格的概率为 $\frac{p}{2}$. 求：

(1) 若至少有一次及格则他能取得某种资格，求他取得该资格的概率；

(2) 若已知他第二次已经及格，求他第一次及格的概率.

10. 设事件 A 与 B 互不相容，且 $0<P(B)<1$，试证明：$P(A|\overline{B})=\frac{P(A)}{1-P(B)}$.

1.5 独立性

1.5.1 两个事件的独立性

独立性是概率论中的又一个重要的概念.

例如，将一颗均匀骰子连掷两次，设 A 表示"第二次掷出 6 点"，B 表示"第一次掷出 6 点"，显然 A 与 B 的发生是互不影响的，即 $P(A|B)=P(A)$. 由乘法公式得

$$P(AB)=P(B)P(A\mid B)=P(A)P(B).$$

定义 1 若两事件 A,B 满足 $P(AB)=P(A)P(B)$，则称事件 A 与事件 B **相互独立**(mutually independent).

定理 1 若两事件 A,B 相互独立，则 A 与 $\overline{B}$、$\overline{A}$ 与 B、$\overline{A}$ 与 $\overline{B}$ 也相互独立.

证明 仅证 A 与 $\overline{B}$ 独立. 由概率的性质得

$$P(A\overline{B})=P(A)-P(AB).$$

又事件 A,B 相互独立，即 $P(AB)=P(A)P(B)$，所以

$$P(A\overline{B})=P(A)-P(A)P(B)=P(A)[1-P(B)]=P(A)P(\overline{B}).$$

上式表明 A 与 $\overline{B}$ 相互独立.

【例 1】 从一副不含大小王的扑克牌中任取一张，记 A 表示"抽到 K"，B 表示"抽到的牌是黑色的". 问事件 A,B 是否独立？

解 由于 $P(A)=\frac{4}{52}=\frac{1}{13}$，$P(B)=\frac{26}{52}=\frac{1}{2}$，$P(AB)=\frac{2}{52}=\frac{1}{26}$.

可见，$P(AB)=P(A)P(B)$，说明事件 A,B 相互独立.

注 在实际应用中，往往根据问题的实际意义去判断两事件是否独立.

【例 2】 两射手彼此独立地向同一目标射击，设甲射中目标的概率为 0.9，乙射中目标的概率为 0.8，求目标被射中的概率是多少？

解 记 $A=\{$甲射中目标$\}$，$B=\{$乙射中目标$\}$. 注意到事件"目标被击中"为 $A\cup B$，故

$$\begin{aligned}P(A\cup B)&=P(A)+P(B)-P(AB)\\&=P(A)+P(B)-P(A)P(B)\quad(\text{因为 } A,B \text{ 相互独立})\\&=0.9+0.8-0.9\times0.8=0.98.\end{aligned}$$

1.5.2 多个事件的独立性

将两事件独立的定义推广到 3 个事件.

定义 2 设有 3 个事件 A,B,C，若

$$P(AB)=P(A)P(B),\quad P(AC)=P(A)P(C),\quad P(BC)=P(B)P(C),$$
$$P(ABC)=P(A)P(B)P(C)$$

以上 4 个等式同时成立，则称事件 A,B,C 相互独立. 以上前 3 个等式同时成立，则称事件 A,B,C 两两相互独立.

注 事件 A,B,C 相互独立可以推出事件 A,B,C 两两相互独立；但反过来不一定成立.

定义 3 设有 n 个事件 $A_1,A_2,\cdots,A_n$，若

$$\begin{cases}P(A_iA_j)=P(A_i)P(A_j), & 1\leqslant i<j\leqslant n,\\ P(A_iA_jA_k)=P(A_i)P(A_j)P(A_k), & 1\leqslant i<j<k\leqslant n,\\ P(A_iA_jA_kA_l)=P(A_i)P(A_j)P(A_k)P(A_l), & 1\leqslant i<j<k<l\leqslant n,\\ \quad\vdots \\ P(A_1A_2\cdots A_n)=P(A_1)P(A_2)\cdots P(A_n)\end{cases}$$

以上 2^n-n-1 个式子都成立，则称 n 个事件 $A_1,A_2,\cdots,A_n$ 相互独立.

注 若 n 个事件 $A_1,A_2,\cdots,A_n$ 相互独立，则将 $A_1,A_2,\cdots,A_n$ 中的任意多个事件换成它们的逆事件，所得的 n 个事件仍相互独立.

【例 3】 设 A,B,C 这 3 个事件相互独立，试证：A 与 $B\cup C$ 相互独立.

证明 因为 $P(A(B\cup C))=P(AB\cup AC)=P(AB)+P(AC)-P(ABC)$，

又因 A,B,C 这 3 个事件相互独立，所以

$$\begin{aligned}P(A(B\cup C))&=P(A)P(B)+P(A)P(C)-P(A)P(B)P(C)\\&=P(A)[P(B)+P(C)-P(B)P(C)]\\&=P(A)P(B\cup C).\end{aligned}$$

所以 A 与 $B\cup C$ 相互独立.

【例 4】 某工人照看 3 台机床，一个小时内 1 号，2 号，3 号机床需要照看的概率分别为 0.3，0.2，0.1. 设各台机床之间是否需照看是相互独立的，求在一小时内，(1)至少有一

台机床需要照看的概率；(2)至多有一台机床需要照看的概率.

解 设 $A_i=\{$第 i 台机床需要照看$\}$ $(i=1,2,3)$. 则

$$P(A_1)=0.3,\quad P(A_2)=0.2,\quad P(A_3)=0.1.$$

(1) $P(A_1\cup A_2\cup A_3)=1-P(\overline{A_1\cup A_2\cup A_3})=1-P(\overline{A_1})P(\overline{A_2})P(\overline{A_3}).$

$$=1-0.7\times0.8\times0.9=0.496.$$

(2) $P(\overline{A_1}\,\overline{A_2}\,\overline{A_3}\cup A_1\,\overline{A_2}\,\overline{A_3}\cup\overline{A_1}A_2\,\overline{A_3}\cup\overline{A_1}\,\overline{A_2}A_3)$

$=P(\overline{A_1})P(\overline{A_2})P(\overline{A_3})+P(A_1)P(\overline{A_2})P(\overline{A_3})+P(\overline{A_1})P(A_2)P(\overline{A_3})+$

$P(\overline{A_1})P(\overline{A_2})P(A_3)$

$=0.7\times0.8\times0.9+0.3\times0.8\times0.9+0.7\times0.2\times0.9+0.7\times0.8\times0.1=0.902.$

【例5】 某企业因技术和设备落后以及市场竞争激烈而不断亏损. 为改变这种状况，该企业决定分别独立开发两种新产品，其开发成功的希望分别为80%和85%. 又根据各方面的情况分析认为：

(1) 若两种新产品皆研制成功，该企业有90%的希望改变亏损状况；

(2) 若仅有一种新产品研制成功，该企业有50%的希望改变亏损状况；

(3) 若两种新产品都未研制成功，仅有10%的希望改变亏损状况.

试问该企业采取这种策略能改变亏损状况的把握有多大？

解 设事件 $A=\{$采取此项策略改变亏损状况$\}$，$B_i=\{$第 i 项新产品研制成功$\}$ $(i=1,2)$，则 B_1,B_2 相互独立，且 $B_1B_2,B_1\overline{B}_2,\overline{B}_1B_2,\overline{B}_1\overline{B}_2$ 构成完备事件组. 由全概率公式可得

$$\begin{aligned}P(A)=&P(B_1B_2)P(A\mid B_1B_2)+P(B_1\overline{B}_2)P(A\mid B_1\overline{B}_2)+\\&P(\overline{B}_1B_2)P(A\mid\overline{B}_1B_2)+P(\overline{B}_1\overline{B}_2)P(A\mid\overline{B}_1\overline{B}_2)\\=&0.8\times0.85\times0.9+0.8\times0.15\times0.5+0.2\times0.85\times0.5+0.2\times0.15\times0.1\\=&0.76.\end{aligned}$$

习题 1.5

1. 设有任意两个事件 A 和 B，其中 A 的概率不等于0或1，证明：$P(A|B)=P(A|\overline{B})$ 是事件 A 和 B 相互独立的充分必要条件.

2. 设 A,B 为两个相互独立的事件，$P(A)=0.4$，$P(A\cup B)=0.7$，求 $P(B)$.

3. 设事件 A,B 满足 $P(A)=\frac{1}{2}$，$P(B)=\frac{1}{3}$，且 $P(A|B)+P(\overline{A}|\overline{B})=1$，求 $P(A\cup B)$.

4. 设两个相互独立的事件 A 和 B 都不发生的概率为 $\frac{1}{9}$，A 发生 B 不发生的概率与

B 发生 A 不发生的概率相等，求 $P(A)$.

5. 三人独立地破译一个密码，他们能译出的概率分别是 $\frac{1}{5}$，$\frac{1}{3}$，$\frac{1}{4}$，问他们能将此密码译出的概率是多少？

6. 某零件用两种工艺加工，第一种工艺有三道工序，各道工序出现不合格品的概率分别为 0.3，0.2，0.1；第二种工艺有两道工序，各道工序出现不合格品的概率分别为 0.3，0.2. 试问：(1)用哪种工艺加工得到合格品的概率较大些？(2)第二种工艺两道工序出现不合格品的概率都是 0.3 时，情况又如何？

7. 某彩票每周开奖一次，每次提供十万分之一的中奖机会，且各周开奖是相互独立的. 若你每周买一张彩票，尽管你坚持十年(每年 52 周)之久，你从未中奖的可能性是多少？

8. 设 A,B,C 这 3 个事件相互独立，试证：AB 与 C 独立；$A-B$ 与 C 独立.

9. 设 $A_1,A_2,\cdots,A_n$ 为 n 个相互独立的事件，且 $P(A_k)=p_k(1\leqslant k\leqslant n)$，求下列事件的概率：

(1)n 个事件全不发生；(2)n 个事件中至少有一个发生；(3)n 个事件不全发生.

10. 甲、乙、丙三人独立地向同一架飞机射击，设击中的概率分别是 0.4，0.5，0.7，若只有一人击中，则飞机被击落的概率是 0.2；若两人击中，则飞机被击落的概率是 0.6；若三人击中，则飞机一定被击落，求飞机被击落的概率.

总复习题 1

1. 以 A 表示事件“甲种产品畅销，乙种产品滞销”，则其对应的事件 $\overline{A}$ 为(　　).

A. “甲种产品滞销，乙种产品畅销”　　B. “甲乙两种产品都畅销”

C. “甲种产品滞销”　　D. “甲种产品滞销或乙种产品畅销”

2. 设当事件 A 与 B 同时发生时 C 也发生，则(　　).

A. $P(C)=P(A\cap B)$　　B. $P(C)\leqslant P(A)+P(B)-1$

C. $P(C)=P(A\cup B)$　　D. $P(C)\geqslant P(A)+P(B)-1$

3. 某城市共发行 3 种报纸 A，B，C. 这城市的居民中有 45%订阅 A 报，35%订阅 B 报，30%订阅 C 报，10%同时订阅 A 报和 B 报，8%同时订阅 A 报和 C 报，5%同时订阅 B 报和 C 报，3%同时订阅 A，B，C 报. 求以下事件的概率：(1)只订阅 A 报；(2)只订阅一种报纸；(3)至少订阅一种报纸；(4)不订阅任何报纸.

4. 有 6 个房间安排 4 个旅游者住，每人可以住进任何一个房间，且住进各个房间是等可能的.试求:(1)第1号房间住1人,第2号房间住3人的概率;(2)恰有1个房间住1人,1个房间住3人的概率.

5. 某城市有 n 辆汽车,车牌号从1到 n.某人记下一段时间内通过某个路口的 m 辆汽车的车牌号,可能重复记下某些汽车的车牌号.求记下的最大牌号为 k 的概率.(设每辆汽车通过该路口的可能性相同)

6. 根据历年气象资料统计,某地四月份刮风的概率是 $\frac{4}{15}$,刮风又下雨的概率是 $\frac{1}{10}$,问该地区四月份刮风与下雨的关系是否密切?

7. 某场仓库存有1,2,3号箱子分别为10,20,30个,均装有某产品.其中,1号箱内装有正品20件,次品5件;2号箱内装有正品20件,次品10件;3号箱内装有正品15件,次品10件.现从中任取一箱,再从箱中任取一件产品.问:(1)取到正品及次品的概率各是多少?(2)若已知取到正品,求该正品是从1号箱中取出的概率.

8. 对以往数据分析表明,当机器调整良好时,产品合格率为98%,当机器发生故障时,产品合格率为55%.每天早上机器开动时,机器调整良好的概率为95%.试求:(1)某日早上第一件产品是合格品的概率;(2)已知这天早上第一件产品是合格品时,机器调整良好的概率是多少.

9. 发报台分别以概率0.6和0.4发出信号"·"及"—".由于通信系统受到干扰,当发出信号"·"时,收报台分别以概率0.8及0.2收到信号"·"及"—";又当发出信号"—"时,收报台分别以概率0.9及0.1收到信号"—"及"·".求当收报台收到"·"时,发报台确系发出信号"·"的概率以及收到"—"时,发报台确系发出信号"—"的概率.

10. 设两两独立的3个事件 A,B,C 满足条件 $ABC=\varnothing$, $P(A)=P(B)=P(C)<\frac{1}{2}$,且已知 $P(A\cup B\cup C)=\frac{9}{16}$,求 $P(A)$.

11. 设3次独立试验中,若 A 发生的概率均相等且至少出现1次的概率为 $\frac{19}{27}$,求在一次试验中事件 A 发生的概率.

12. 甲射击命中目标的概率是 $\frac{1}{2}$,乙命中目标的概率是 $\frac{1}{3}$,丙命中目标的概率是 $\frac{1}{4}$.现在3人同时独立射击目标,求:(1)3人都命中目标的概率;(2)其中恰有1人命中目标的概率;(3)目标被命中的概率.

13. 要验收一批(100件)乐器,验收方案如下:自该批乐器中随机取3件测试(测试是相互独立进行的),如果3件中只要有1件在测试中被认为音色不纯,则这批乐器被拒绝接收.设一件音色不纯的乐器经测试查出其为音色不纯的概率为0.95,而一件音色纯的乐器经测试被误认为音色不纯的概率为0.01.如果已知这100件乐器中恰有4件是音色不纯的,试问这批乐器被接收的概率是多少?

14. 甲、乙两人进行乒乓球比赛，每局甲胜的概率为 0.6. 问对甲而言，采取三局两胜制有利还是采取五局三胜制有利.（设各局胜负相互独立）

15. 在区间(0,1)中随机地取两个数，求两数之积小于$\frac{1}{4}$的概率.

16. 商店里装箱子出售玻璃杯，每箱 20 只. 假设各箱含 0,1,2 只残次品的概率相应为 0.8,0.1 和 0.1. 一顾客欲购买一箱玻璃杯，在购买时，售货员随意取一箱，而顾客随机地察看 4 只，若无残次品则买下该箱玻璃，否则退回. 试求：(1)顾客买下该箱的概率 α；(2)在买下的一箱中，确实没有残次品的概率 β.

第2章 随机变量及其分布

CHAPTER 2

随机变量及相关概念的引入对概率论的发展起着重要的作用，它使概率论更好地应用数学分析的方法对事件及其概率进行深入讨论. 本章首先学习随机变量的概念，然后讨论离散型和连续型随机变量，最后讨论随机变量函数的分布.

2.1 随机变量的定义及其分布函数

2.1.1 随机变量的定义

为了对随机试验的结果进行定量研究，必须将其数量化. 这就需要引入随机变量.

实际中，有些试验结果本身就是由数量表示的. 比如次数、高度、体重等；而有的试验结果表面与数量无关，但我们可以根据问题的需要把试验结果数量化，即把试验结果与实数对应起来，建立一个从样本空间到实数域的对应关系 X. 例如抛硬币的试验，试验的基本结果有“正面”“反面”，我们可以将此结果数量化，以数 0 代表出现“反面”结果，以数 1 代表出现“正面”结果，这样就建立了如下的一个对应关系：

$$X=\begin{cases}0, & \text{出现反面},\\ 1, & \text{出现正面}.\end{cases}$$

X 的取值将随着试验的结果而变化，同时取值又是随机的，所以称其为随机变量.

总之，对于任何一个试验，我们总可以引入一个变量 X，用 X 的不同取值来描述试验的全部结果.

定义 1 设随机试验的样本空间为 Ω，$X=X(\omega)$是定义在样本空间 Ω 上的实值单值函数，称 $X=X(\omega)$为**随机变量**(random variable)．随机变量一般用大写英文字母 $X,Y,Z,W,\cdots$表示，其取值一般用小写英文字母 $x,y,z,w,\cdots$表示．

下面是几个随机变量的例子．

【例 1】 掷一颗骰子，出现的点数 X 是一个随机变量．X 的所有可能取值为 1，2，3，4，5，6．

【例 2】 将一枚硬币抛 3 次，出现正面的次数 X 是一个随机变量．X 的所有可能取值为 0，1，2，3．

【例 3】 某地铁站的列车到站时间间隔为 5min，乘客随机到达车站，用 X 表示乘客的等车时间，则 X 是一个随机变量，其所有可能取值是区间$[0,5]$．

引入随机变量后，随机事件即可用随机变量来描述．如例 1 中，事件"掷出的点数为 1"可用$\{X=1\}$表示，其概率可表示为 $P(X=1)$；例 2 中，事件"出现正面的次数不少于 2"可表示为$\{X\geqslant 2\}$，其对立事件可用$\{X<2\}$表示．

2.2.2 随机变量的分布函数

为了研究随机变量 X 的统计规律性，我们需掌握用 X 表示的各种随机事件的概率．例如，用 X 表示某种电子元件的寿命，我们会关心事件"使用寿命在 1000～2000h"的概率 $P(1000<X\leqslant 2000)$，或事件"使用寿命超过 2000h" 的概率 $P(X>2000)$．

由于

$$P(a<X\leqslant b)=P(X\leqslant b)-P(X\leqslant a),\quad P(X>a)=1-P(X\leqslant a),$$

因而对于任意实数 x，只需考虑事件$\{X\leqslant x\}$的概率，为此引入分布函数的概念．

定义 2 设 X 是一个随机变量，对任意实数 x，定义函数

$$F(x)=P(X\leqslant x)$$

为随机变量 X 的**分布函数**(distribution function)．

注 (1) 由分布函数的定义知，$0\leqslant F(x)\leqslant 1$；

(2) 这里并未限定 X 的类型，它对任何随机变量都有定义，有了分布函数，就可求出与随机变量 X 有关的事件的概率；

(3) 若将 X 看成数轴上的随机点的坐标，分布函数在 x 处的函数值就表示点 X 落在区间$(-\infty,x]$上的概率．

由分布函数的定义，对于任意的两个实数 $x_1<x_2$，有

$$P(x_1<X\leqslant x_2)=P(X\leqslant x_2)-P(X\leqslant x_1)=F(x_2)-F(x_1).$$

分布函数 $F(x)$ 具有如下 3 条性质：

(1) **单调性** $F(x)$ 是一个不减函数：当 $x_1<x_2$ 时，$F(x_1)\leqslant F(x_2)$.

这是因为 $x_1<x_2$ 时，事件 $\{X\leqslant x_2\}$ 包含事件 $\{X\leqslant x_1\}$，因而前者的概率不小于后者的概率.

(2) **有界性** 对任意的 x，$0\leqslant F(x)\leqslant 1$，且

$$F(-\infty)=\lim_{x\to-\infty}F(x)=0,\quad F(+\infty)=\lim_{x\to+\infty}F(x)=1.$$

这是因为，当 $x\to-\infty$ 时，$\{X\leqslant x\}$ 愈来愈接近于不可能事件，故其概率 $P(X\leqslant x)=F(x)$ 应趋于不可能事件的概率 0，即 $F(-\infty)=0$. 类似地可得出后一结论.

(3) **右连续性** $\lim\limits_{x\to x_0^+}F(x)=F(x_0)$，即 $F(x)$ 是右连续的.

【例 4】 在半径为 2 的圆域 D 内任投一个点，设点落在 D 的任何部分区域的概率与该区域的面积成正比. 用 X 表示投入的点与圆心的距离，试求 X 的分布函数.

解 若 $x<0$，则 $\{X\leqslant x\}$ 是一不可能事件，故 $F(x)=P(X\leqslant x)=0$.

若 $0\leqslant x<2$，则由题设，有 $P(0\leqslant X\leqslant x)=kx^2$.

为了确定 k 的值，令 $x=2$，得

$$1=P(0\leqslant X\leqslant 2)=4k,$$

从而 $k=\dfrac{1}{4}$，故

$$F(x)=P(X\leqslant x)=P(X<0)+P(0\leqslant X\leqslant x)=\frac{1}{4}x^2.$$

当 $x\geqslant 2$ 时，由题意知 $\{X\leqslant x\}$ 是必然事件，于是 $F(x)=P(X\leqslant x)=1$.

综上所述，X 的分布函数为

$$F(x)=\begin{cases}0, & x<0,\\ \dfrac{1}{4}x^2, & 0\leqslant x<2,\\ 1, & x\geqslant 2.\end{cases}$$

【例 5】 设随机变量 X 的分布函数为

$$F(x)=A+B\arctan x,\quad -\infty<x<+\infty.$$

试求：(1)系数 A 及 B；(2)$P(X\leqslant 2)$，$P(-1<X\leqslant 1)$.

解 (1) 由分布函数的性质知

$$F(-\infty)=\lim_{x\to-\infty}(A+B\arctan x)=A-\frac{\pi}{2}B=0,$$

$$F(+\infty)=\lim_{x\to+\infty}(A+B\arctan x)=A+\frac{\pi}{2}B=1.$$

解得 $A=\dfrac{1}{2},B=\dfrac{1}{\pi}$.

(2) 由分布函数的定义知

$$P(X\leqslant 2)=F(2)=\frac{1}{2}+\frac{1}{\pi}\arctan 2.$$

由式(2.2)可得

$$\begin{aligned}P(-1<X\leqslant 1)&=F(1)-F(-1)\\&=\frac{1}{2}+\frac{1}{\pi}\arctan 1-\left[\frac{1}{2}+\frac{1}{\pi}\arctan(-1)\right]=\frac{1}{2}.\end{aligned}$$

习题 2.1

1. 判别下列函数是否为某随机变量的分布函数：

(1) $F(x)=\begin{cases}0, & x<-2,\\ \dfrac{1}{2}, & -2\leqslant x<0,\\ 1, & x\geqslant 0;\end{cases}$　　(2) $F(x)=\begin{cases}0, & x<0,\\ \sin x, & 0\leqslant x<\pi,\\ 1, & x\geqslant \pi;\end{cases}$

(3) $F(x)=\begin{cases}0, & x<0,\\ \dfrac{x+1}{2}, & 0\leqslant x<\dfrac{1}{2},\\ 1, & x\geqslant \dfrac{1}{2}.\end{cases}$

2. 设 $F_1(x)$ 与 $F_2(x)$ 为两个随机变量的分布函数，为了使 $aF_1(x)-bF_2(x)$ 是某一随机变量的分布函数，在下列各组值中应取(　　).

A. $a=\dfrac{3}{5},b=-\dfrac{2}{5}$　　B. $a=\dfrac{2}{3},b=\dfrac{2}{3}$

C. $a=-\dfrac{1}{2},b=\dfrac{3}{2}$　　D. $a=\dfrac{1}{2},b=-\dfrac{3}{2}$

3. 设随机变量 X 的分布函数是

$$F(x)=\begin{cases}1-\mathrm{e}^{-x}, & x\geqslant 0,\\ 0, & x<0.\end{cases}$$

试求 $P(X\leqslant 1),P(1<X\leqslant 2),P(X>2)$.

4. 在区间$[0,a]$上任意投掷一个质点，以 X 表示这个质点的坐标，设这个质点落在$[0,a]$中任意小区间内的概率与这个小区间的长度成正比，试求 X 的分布函数.

2.2 离散型随机变量及其分布

2.2.1 离散型随机变量及其分布律

若随机变量 X 的所有可能取值是有限个或可列个，则称 X 是**离散型随机变量**(discrete random variable). 研究一个离散型随机变量，不但要看它取哪些值，更重要的是看它取每个值的概率.

定义 1 设随机变量 X 的所有可能取值为 $x_1, x_2, \cdots, x_k, \cdots$，取这些值的概率为

$$P(X = x_k) = p_k, \quad k = 1,2,\cdots \tag{2.1}$$

称式(2.1)为离散型随机变量 X 的**分布律**(distribution law)或**概率分布**.

分布律也可用如下的表格表示：

X	x_1	x_2	$\cdots$	x_k	$\cdots$
p_k	p_1	p_2	$\cdots$	p_k	$\cdots$

由概率的定义，p_k 满足如下两个条件：

(1) 非负性　$p_k \geqslant 0 (k = 1,2,\cdots)$；

(2) 规范性　$\sum\limits_k p_k = 1$.

条件(2)是由于事件$\{X = x_1\}, \{X = x_2\}, \cdots$ 两两互不相容，且 $x_1, x_2, \cdots$ 是 X 的所有可能取值，故 $\bigcup\limits_{k=1}^{\infty} \{X = x_k\} = \Omega$，由概率的可列可加性得到

$$\sum_{k=1}^{\infty} p_k = \sum_{k=1}^{\infty} P(X = x_k) = P\left(\bigcup_{k=1}^{\infty} \{X = x_k\}\right) = P(\Omega) = 1.$$

注 求 X 的分布律时应给出 X 的所有可能取值及取这些值的概率. 求完后应验证是否满足条件(1)和条件(2)，如不满足，说明计算错误. 条件(2)也常用来求分布律中的未知常数.

由概率的可列可加性得，X 的分布函数为

$$F(x) = P(X \leqslant x) = \sum_{x_k \leqslant x} p_k,$$

即对 X 的所有不超过 x 的取值的概率求和.

【例 1】 设一汽车在开往目的地的道路上需经过 4 组信号灯，每组信号灯以 0.5 的概率允许或禁止汽车通过. 以 X 表示汽车首次停下时，它已通过的信号灯的组数(设各

组信号灯的工作是相互独立的)，求 X 的分布律.

解 以 p 表示每组信号灯禁止汽车通过的概率，易知 X 的分布律为

X	0	1	2	3	4
p_k	p	$(1-p)p$	$(1-p)^2p$	$(1-p)^3p$	$(1-p)^4$

将 $p=0.5$ 代入得

X	0	1	2	3	4
p_k	0.5	0.25	0.125	0.0625	0.0625

【例 2】 设随机变量 X 的分布律为

X	-1	2	3
p_k	$\frac{1}{4}$	$\frac{1}{2}$	c

试求：(1)未知常数 c；(2) X 的分布函数；(3) $P\left(X\leqslant\frac{1}{2}\right)$，$P\left(\frac{3}{2}<X\leqslant\frac{5}{2}\right)$，$P(2\leqslant X\leqslant 3)$.

解 (1) 由分布律的条件(2)知，$\frac{1}{4}+\frac{1}{2}+c=1$，求得 $c=\frac{1}{4}$.

(2) 由定义 $F(x)=P(X\leqslant x)$，知：

当 $x<-1$ 时，$F(x)=P(X\leqslant x)=0$；

当 $-1\leqslant x<2$ 时，$F(x)=P(X\leqslant x)=P(X=-1)=\frac{1}{4}$；

当 $2\leqslant x<3$ 时，$F(x)=P(X\leqslant x)=P(X=-1)+P(X=2)=\frac{1}{4}+\frac{1}{2}=\frac{3}{4}$；

当 $x\geqslant 3$ 时，

$$F(x)=P(X\leqslant x)=P(X=-1)+P(X=2)+P(X=3)=\frac{1}{4}+\frac{1}{2}+\frac{1}{4}=1.$$

故

$$F(x)=\begin{cases}0, & x<-1,\\ \frac{1}{4}, & -1\leqslant x<2,\\ \frac{3}{4}, & 2\leqslant x<3,\\ 1, & x\geqslant 3.\end{cases}$$

(3) $P\left(X\leqslant\frac{1}{2}\right)=P(X=-1)=\frac{1}{4}$, $\quad P\left(\frac{3}{2}<X\leqslant\frac{5}{2}\right)=P(X=2)=\frac{1}{2}$,

$$P(2\leqslant X\leqslant 3)=P(X=2)+P(X=3)=\frac{3}{4}.$$

$F(x)$的图形如图 2-1 所示，它是一条阶梯形的曲线，X 的可能取值$-1,2,3$处为跳跃点，其跳跃度恰好为 X 取值$-1,2,3$的概率，即$\frac{1}{4},\frac{1}{2},\frac{1}{4}$.

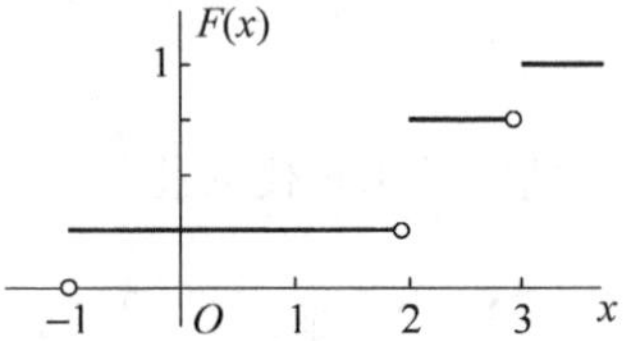

图 2-1

$P\left(X\leqslant\frac{1}{2}\right),P\left(\frac{3}{2}<X\leqslant\frac{5}{2}\right),P(2\leqslant X\leqslant 3)$也可通过 X 的分布函数求出，具体如下：

$$P\left(X\leqslant\frac{1}{2}\right)=F\left(\frac{1}{2}\right)=\frac{1}{4},$$

$$P\left(\frac{3}{2}<X\leqslant\frac{5}{2}\right)=F\left(\frac{5}{2}\right)-F\left(\frac{3}{2}\right)=\frac{3}{4}-\frac{1}{4}=\frac{1}{2},$$

$$P(2\leqslant X\leqslant 3)=F(3)-F(2)+P(X=2)=1-\frac{3}{4}+\frac{1}{2}=\frac{3}{4}.$$

分布律和分布函数都可用来描述离散型随机变量，不过分布函数用得较少. 尤其求离散型随机变量 X 落在某个区间的概率时，分布律比分布函数更方便，这点从例 2 中即可看出.

2.2.2 几种常见的离散型随机变量

1. 0-1 分布

定义 2 若随机变量 X 只取两个值 0,1，它的分布律为

$$P(X=k)=p^k(1-p)^{1-k},\quad k=0,1,$$

则称 X 服从**0-1 分布或两点分布**(two-point distribution).

0-1 分布的分布律也可用表格表示：

X	0	1
p_k	$1-p$	p

其分布函数为

$$F(x)=\begin{cases}0, & x<0,\\ 1-p, & 0\leqslant x<1,\\ 1, & x\geqslant 1.\end{cases}$$

实际生活中，许多随机试验都可用0-1分布描述. 例如，检查产品是否合格、产品是否为一级品、观察机器是否出现故障、抛硬币试验、登记新生婴儿性别，等等. 上述试验通常只有两个结果，这类试验称为**伯努利**(Bernoulli)**试验**. 将伯努利试验独立重复地进行 n 次，称这一串试验为 n **重伯努利试验**. 例如，将一枚硬币独立重复地抛 n 次就是 n 重伯努利试验.

2. 二项分布

在 n 重伯努利试验中，设每次试验中事件 A 发生的概率为 $p(0<p<1)$，记 $A_i=\{$第 i 次试验中 A 发生$\}(i=1,2,\cdots,n)$. 事件 A 在指定的 k 次试验中发生，在其他 $n-k$ 次试验中不发生(例如在前 k 次试验中发生，后 $n-k$ 次试验中不发生)的概率为

$$P(A_1A_2\cdots A_k\overline{A}_{k+1}\cdots\overline{A}_n)=P(A_1)P(A_2)\cdots P(A_k)P(\overline{A}_{k+1})\cdots P(\overline{A}_n)=p^k(1-p)^{n-k}.$$

这种指定方式共有 C_n^k 种，它们是两两互不相容的，所以，在 n 重伯努利试验中事件 A 恰好发生 k 次的概率为 $C_n^kp^k(1-p)^{n-k}$，于是有以下定义.

定义3 *在 n 重伯努利试验中，假设事件 A 在一次试验中发生的概率为 $p(0<p<1)$，若记 n 次试验中事件 A 发生的次数为 X，则 X 的分布律为*

$$P(X=k)=C_n^kp^k(1-p)^{n-k},\quad k=0,1,2,\cdots,n. \tag{2.2}$$

*称 X 是服从参数为 n 和 p 的***二项分布***(binomial distribution)，记作 $X\sim B(n,p)$.*

显然，式(2.2)满足

$$P(X=k)\geqslant 0, \text{且} \sum_{k=0}^{n}P(X=k)=\sum_{k=0}^{n}C_n^kp^k(1-p)^{n-k}=[p+(1-p)]^n=1,$$

即满足分布律的条件.

注意到 $C_n^kp^k(1-p)^{n-k}$ 是 $[p+(1-p)]^n$ 二项展开式的第 $k+1$ 项，故称 X 服从二项分布.

特别地，当 $n=1$ 时二项分布转化为 $P(X=k)=p^k(1-p)^{1-k}(k=0,1)$，即0-1分布，或表示为 $X\sim B(1,p)$.

二项分布是最重要的离散型概率分布之一. 随机变量 X 服从这个分布有两个重要条件：一是各次试验的条件是不变的，这保证了事件 A 发生的概率 p 在各次试验中保持不变，即满足"重复"；二是各次试验要满足"独立". 现实生活中有许多现象程度不同地符合二项分布. 例如，从废品率为 p，个数为 N 的一大批产品中随机抽检，每次抽一个，共抽 n 次. 若是放回抽样，每个产品有同等机会被抽出，则这 n 个产品中所含废品数 X 就服从二项分布 $B(n,p)$；反之，若是不放回抽样，则 X 就不再服从二项分布. 但是当 N 远远大于 n 时，即使不放回，对废品率的影响也极小，这时 X 仍可近似地作为二项分布来处理.

【例3】 按规定，某种型号电子元件的使用寿命超过1000h的为合格品. 已知某一大批产品的合格率为0.9，现在从中随机地抽查20只. 求20只元件中恰好有 k 只($k=0,1,2,\cdots,20$)为合格品的概率.

解 设 X 表示 20 只元件中合格品的只数. 由于这批电子元件总数很大,而抽查的数量 20 相对于元件总数来说很小,所以可作为放回抽样处理,即 X 可近似地作为二项分布处理. 这样做会有一些误差,但误差不大.

由题知 $X\sim B(20,0.9)$,则所求概率为

$$P(X=k)=C_{20}^{k}\,0.9^{k}\,0.1^{20-k},\quad k=0,1,2,\cdots,20.$$

【例 4】 某人购买彩票,设每次买一张,中奖率为 0.02,共买 400 次,试求他至少中奖两次的概率.

解 设 X 表示 400 次中中奖的次数,则 $X\sim B(400,0.02)$. X 的分布律为

$$P(X=k)=C_{400}^{k}\,0.02^{k}\,0.98^{400-k},\quad k=0,1,2,\cdots,400.$$

于是所求概率为

$$\begin{aligned}P(X\geqslant 2)&=1-P(X<2)=1-P(X=0)-P(X=1)\\&=1-0.98^{400}-400\times 0.02\times 0.98^{399}=0.9972.\end{aligned}$$

这个概率很接近于 1. 下面我们讨论这一结果的实际意义: 其一,虽然每次彩票的中奖率很小(为 0.02),但如果购买 400 次,则至少有两次中奖几乎是可以肯定的. 这一事实说明,一个事件尽管在一次试验中发生的概率很小,但只要试验次数很多,而且试验是独立进行的,那么这一事件的发生几乎是肯定的. 这也告诉人们决不能轻视小概率事件; 其二,若购买了 400 次彩票,而中奖的次数达不到两次,我们有理由怀疑“中奖率为 0.02”这一假设的合理性,从而推断该彩票的中奖率达不到 0.02,这就是概率论的反证法思想. 通常,称这一事实为**小概率事件原理**.

3. 泊松分布

泊松分布是 1837 年由法国数学家泊松(Poisson S D,1781—1840)首次提出的.

定义 4 若随机变量 X 所有可能取值为 0,1,2,…,而取各个值的概率为

$$P(X=k)=\frac{\lambda^{k}e^{-\lambda}}{k!}(k=0,1,2,\cdots;\ \lambda>0\ \text{是常数}),$$

则称 X 服从参数为 λ 的**泊松分布**(Poisson distribution),记作 $X\sim P(\lambda)$.

容易验证 $\sum\limits_{k=0}^{\infty}P(X=k)=\sum\limits_{k=0}^{\infty}\frac{\lambda^{k}e^{-\lambda}}{k!}=e^{-\lambda}\sum\limits_{k=0}^{\infty}\frac{\lambda^{k}}{k!}=e^{-\lambda}\cdot e^{\lambda}=1.$

泊松分布也是最重要的离散型分布之一,它多出现在当 X 表示在一定的时间或空间内出现的事件个数这种场合,其应用是相当广泛的. 比如,电信传呼台每天接收到的传呼次数,某繁华交通路口每小时经过的车辆数,公共汽车站候车的旅客数,纺纱机纱线的断头数,某页书上的印刷错误的个数等都服从泊松分布. 同时泊松分布还可作为二项分布的近似.

定理 1(泊松定理) 若随机变量 $X_n\sim B(n,p_n)$(p_n 与试验次数 n 有关),常数 $\lambda>0$,

如果$\lim\limits_{n\to\infty}np_n=\lambda$，则

$$\lim_{n\to\infty}C_n^k p_n^k(1-p_n)^{n-k}=\frac{\lambda^k e^{-\lambda}}{k!},\quad k=0,1,2,\cdots.$$

该定理表明，在二项分布$B(n,p)$中，当n很大，p很小时，二项分布可用参数为$\lambda=np$的泊松分布来近似计算. 为便于泊松分布的概率计算，有泊松分布表（见附表1）可供查阅. 另外，利用 Microsoft Excel 中的函数命令可以求得泊松分布的概率值. 求$P(x=k)$的命令为 POISSON(k,λ,0)；求$P(x\leqslant k)$的命令为 POISSON(k,λ,1).

【例 5】 设某疾病的发病率为 0.001，某单位共有 5000 人. 问该单位患有这种疾病的人数不超过 5 人的概率是多少？

解 设该单位患有这种疾病的人数为X，则$X\sim B(5000,0.001)$，于是题目所求的为

$$P(X\leqslant 5)=\sum_{k=0}^{5}C_{5000}^k\,0.001^k\,0.999^{5000-k}.$$

这个概率的计算量很大. 由于n很大，p很小，且$\lambda=np=5$. 所以由泊松定理得

$$P(X\leqslant 5)\approx\sum_{k=0}^{5}\frac{5^k}{k!}e^{-5}=0.616\quad(\text{查附表 1}).$$

4. 几何分布

定义 5 *在n重伯努利试验中，假设事件A在一次试验中发生的概率为p $(0<p<1)$，将试验进行到事件A出现一次为止，以X表示所需的试验次数，则*

$$P(X=k)=(1-p)^{k-1}p,\quad k=1,2,\cdots.$$

*称X服从参数为p的***几何分布***(geometric distribution)，记作$X\sim Ge(p)$.*

容易验证$\sum\limits_{k=1}^{\infty}P(X=k)=\sum\limits_{k=1}^{\infty}(1-p)^{k-1}p=p\sum\limits_{k=1}^{\infty}(1-p)^{k-1}=1.$

【例 6】 设一篮球运动员的投篮命中率为 45%. 以X表示他首次投中时累计已投篮的次数，写出X的分布律，并计算X取偶数的概率.

解 由题意，$X\sim Ge(0.45)$，所以X的分布律为

$$P(X=k)=(1-0.45)^{k-1}\times 0.45=0.55^{k-1}\times 0.45,\quad k=1,2,\cdots.$$

X取偶数的概率为

$$\sum_{m=1}^{\infty}P(X=2m)=\sum_{m=1}^{\infty}0.55^{2m-1}\times 0.45=0.45\sum_{m=1}^{\infty}0.55^{2m-1}$$

$$=0.45\times\frac{0.55}{1-0.55^2}=0.355.$$

5. 超几何分布

设一批产品共N个，其中有M个次品，现从中任取n个(假定$n\leqslant N$)，则这n个中所含的次品数X是一个离散型随机变量. X的概率分布如下：

$$P(X=k)=\frac{C_M^k C_{N-M}^{n-k}}{C_N^n},\quad k=0,1,\cdots,L,$$

其中,$L=\min\{M,N\}$. 这个分布称为超几何分布,记作 $X\sim h(n,N,M)$.

实际上,只要 N 个元素可以分为两类,有 M 个属于第一类,$N-M$ 个属于第二类,从中不重复抽取 n 个,则 n 个中含有第一(或第二)类元素的个数服从超几何分布.

习题 2.2

1. 一个袋中装有 5 个球,编号分别为 1,2,3,4,5. 在袋中同时取 3 只,以 X 表示取出的 3 只球中的最大号码,写出随机变量 X 的分布律和分布函数.

2. 一制药厂分别独立地组织两组技术人员试制不同类型的新药,若每组成功的概率为 0.4,而当第一组成功时,每年的销售额可达 400 万元;而当第二组成功时,每年的销售额可达 600 万元,若两组均失败则分文全无. 以 X 记这两种新药的年销售额,求 X 的分布律.

3. 某加油站为出租汽车公司代理出租汽车业务,每出租一辆汽车,可从出租汽车公司得到 3 元. 因代营业务,每天加油站要多付给职工服务费 60 元. 设每天出租汽车数是一个随机变量,它的分布律如下:

X	10	20	30	40
p_i	0.15	0.25	0.45	0.15

求因代营业务得到的收入大于当天额外支出的费用的概率.

4. 设随机变量 X 的可能取值为 1,2,3, 且取这 3 个值的概率之比为 1∶2∶3,试求 X 的分布律.

5. 已知随机变量 X 只能取 $-1,0,1,\sqrt{2}$,相应的概率为 $\frac{1}{2c},\frac{3}{4c},\frac{5}{8c},\frac{7}{16c}$,求 c 的值,并计算 $P(X<1)$.

6. 设离散型随机变量 X 的概率分布为 $P(X=k)=kp^{k+1}(k=1,2,\cdots)$,问 p 取何值.

7. 设 $X\sim B(2,p)$, $Y\sim B(4,p)$,且 $P(X\geqslant 1)=\frac{5}{9}$, 求 $P(Y\geqslant 1)$.

8. 9 人同时向一目标射击一次,如每人射击击中目标的概率为 0.3,各人射击是相互独立的,求有两人以上击中目标的概率.

9. 有甲、乙两种味道和颜色都极为相似的名酒各 4 杯. 如果从中挑 4 杯,能将甲种酒全部挑出来,算是试验成功一次.

(1) 某人随机地去试,问他试验成功一次的概率是多少?

(2) 某人声称他通过品尝能区分两种酒. 他连续试验 10 次，成功 3 次. 试推断他是推断的，还是他确有区分的能力(设各次试验是相互独立的).

10. 某地每年夏季遭受台风袭击的次数服从参数为 4 的泊松分布，试求：

(1)台风袭击次数小于 1 的概率；(2)台风袭击次数大于 1 的概率.

11. A 市长途电话局有一台电话总机，其中有 5 个分机专供与 B 市通话，设每个分机在 1h 内平均占线 20min，并且各分机是否占线相互独立，问 A，B 两市应设置几条线路才能使每个分机与 B 市通话时畅通率不小于 0.95.

12. 某厂生产的产品次品率为 0.005，任意取出 1000 件，试用泊松定理计算：

(1) 其中至少有 2 件次品的概率；

(2) 其中有不超过 5 件次品的概率；

(3) 能以 90%以上的概率保证次品件数不超过多少件？

2.3 连续型随机变量及其分布

2.3.1 连续型随机变量及其概率密度

若随机变量 X 的全部可能取值非离散时，就需定义非离散型的随机变量. 以下所述的连续型随机变量是一类重要的非离散型随机变量.

定义 1 设 $F(x)$是随机变量 X 的分布函数，若存在非负函数 $f(x)$，使得对任意实数 x，有

$$F(x) = \int_{-\infty}^{x} f(t)\mathrm{d}t,$$

则称 X 为**连续型随机变量**，$f(x)$为 X 的**概率密度函数**(probability density function)，简称**概率密度**.

由上述定义可知，连续型随机变量的分布函数是连续函数.

连续型随机变量 X 的概率密度 $f(x)$有如下性质：

(1) $f(x) \geqslant 0$；

(2) $\int_{-\infty}^{+\infty} f(x)\mathrm{d}x = F(+\infty) = 1$；

(3) $P(x_1 < X \leqslant x_2) = \int_{x_1}^{x_2} f(x)\mathrm{d}x$；

(4) 若 $f(x)$ 在 x 处连续，则 $F'(x) = f(x)$.

由性质(2)可知介于曲线 $y=f(x)$与 x 轴之间的面积等于 1(图 2-2(a)). 由性质(3)

知道 X 落在区间 $(x_1,x_2]$ 上的概率 $P(x_1<X\leqslant x_2)$ 等于区间 $(x_1,x_2]$ 上曲线 $y=f(x)$ 之下的曲边梯形的面积(图 2-2(b)).

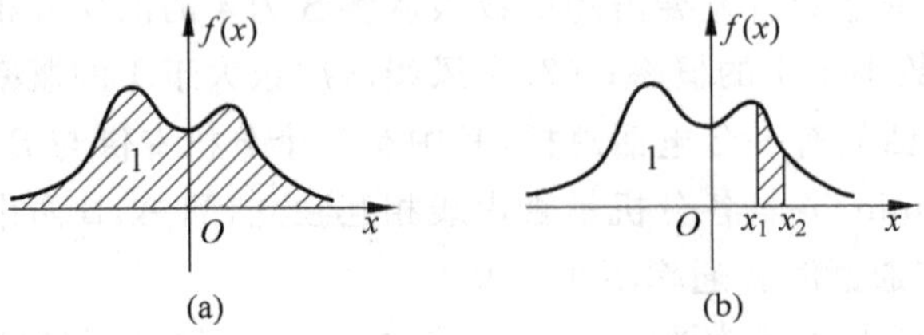

图 2-2

性质(4)给出了通过分布函数计算概率密度的方法. 进一步,由性质(4)可知

$$f(x)=F'(x)=\lim_{\Delta x\to 0^+}\frac{F(x+\Delta x)-F(x)}{\Delta x}=\lim_{\Delta x\to 0^+}\frac{P(x<X\leqslant x+\Delta x)}{\Delta x}. \tag{2.3}$$

当 Δx 充分小时,$P(x<X\leqslant x+\Delta x)\approx f(x)\Delta x$,这表示 X 落在小区间 $(x,x+\Delta x]$ 上的概率近似地等于 $f(x)\Delta x$. 式(2.3)说明 $f(x)$ 反映了在 x 点处(无穷小的区间内)单位长的概率,或者说,它反映了概率在 x 点处的"密集程度". 由此可以看到概率密度的定义与物理中线密度的定义类似,这就是称 $f(x)$ 为概率密度的缘故.

由于连续型随机变量 X 的分布函数 $F(x)$ 是连续的,所以

$$P(X=a)=F(a)-F(a-0)=0. \tag{2.4}$$

从而用性质(3)计算时,不用考虑区间是否包含端点,即

$$\begin{aligned}P(x_1<X\leqslant x_2)&=P(x_1\leqslant X\leqslant x_2)=P(x_1\leqslant X<x_2)\\&=P(x_1<X<x_2)=\int_{x_1}^{x_2}f(x)\mathrm{d}x.\end{aligned}$$

式(2.4)也说明概率为 0 的事件未必是不可能事件. 类似地,概率为 1 的事件也未必是必然事件.

【例 1】 设随机变量 X 具有概率密度

$$f(x)=\begin{cases}kx, & 0\leqslant x<1,\\ 2-x, & 1\leqslant x<2,\\ 0, & \text{其他}.\end{cases}$$

(1)确定常数 k;(2)求 X 的分布函数;(3)求 $P(0.5<X\leqslant 1.5)$.

解 (1) 由 $\int_{-\infty}^{+\infty}f(x)\mathrm{d}x=1$ 得

$$\int_0^1 kx\,\mathrm{d}x+\int_1^2(2-x)\mathrm{d}x=1,\quad 解得\quad k=1.$$

于是,X 的概率密度为

$$f(x)=\begin{cases}x, & 0\leqslant x<1,\\ 2-x, & 1\leqslant x<2,\\ 0, & \text{其他}.\end{cases}$$

(2) 当 $x<0$ 时,$F(x)=\int_{-\infty}^{x}f(x)\mathrm{d}x=0$;

当 $0\leqslant x<1$ 时,$F(x)=\int_{-\infty}^{x}f(x)\mathrm{d}x=\int_{0}^{x}x\mathrm{d}x=\frac{x^2}{2}$;

当 $1\leqslant x<2$ 时,$F(x)=\int_{-\infty}^{x}f(x)\mathrm{d}x=\int_{0}^{1}x\mathrm{d}x+\int_{1}^{x}(2-x)\mathrm{d}x=-\frac{x^2}{2}+2x-1$;

当 $x\geqslant 2$ 时,$F(x)=\int_{-\infty}^{x}f(x)\mathrm{d}x=\int_{0}^{1}x\mathrm{d}x+\int_{1}^{2}(2-x)\mathrm{d}x=1$.

综上,X 的分布函数为

$$F(x)=\begin{cases}0, & x<0,\\ \frac{x^2}{2}, & 0\leqslant x<1,\\ -\frac{x^2}{2}+2x-1, & 1\leqslant x<2,\\ 1, & x\geqslant 2.\end{cases}$$

(3) $P(0.5<X\leqslant 1.5)=\int_{0.5}^{1.5}f(x)\mathrm{d}x=\int_{0.5}^{1}x\mathrm{d}x+\int_{1}^{1.5}(2-x)\mathrm{d}x=0.75$.

或 $P(0.5<X\leqslant 1.5)=F(1.5)-F(0.5)=0.75$.

2.3.2 几种常见的连续型随机变量

1. 均匀分布

定义 2 若连续型随机变量 X 具有概率密度

$$f(x)=\begin{cases}\frac{1}{b-a}, & a<x<b,\\ 0, & \text{其他},\end{cases}$$

则称 X 在区间 (a,b) 上服从**均匀分布**(uniform distribution),记作 $X\sim U(a,b)$.

事实上,若 $X\sim U(a,b)$,设任意区间 $(c,c+l)\subset(a,b)$,则

$$P(c<X<c+l)=\int_{c}^{c+l}f(x)\mathrm{d}x=\int_{c}^{c+l}\frac{1}{b-a}\mathrm{d}x=\frac{l}{b-a}.$$

以上说明:在区间 (a,b) 上服从均匀分布的随机变量 X,具有下述意义的等可能性,即它落在区间 (a,b) 中任意等长的子区间内的可能性是相同的,且它落在该子区间内的概率与这个区间的长度成正比,而与该区间的位置无关.

均匀分布的分布函数为

$$F(x)=\begin{cases}0, & x<a,\\ \dfrac{x-a}{b-a}, & a\leqslant x<b,\\ 1, & x\geqslant b.\end{cases}$$

$f(x)$与 $F(x)$的图形分别如图 2-3(a)和(b)所示.

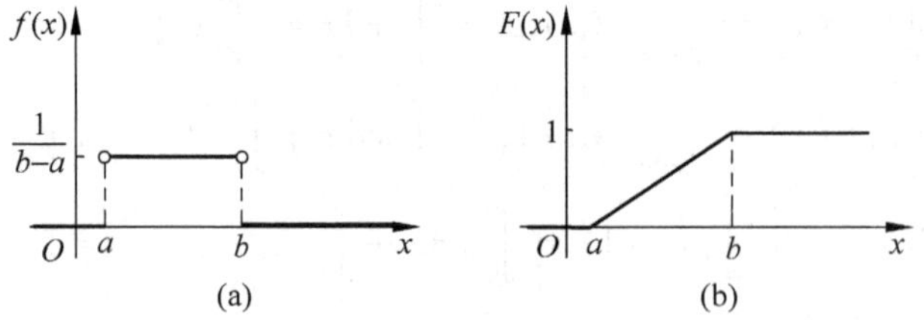

(a) (b)

图 2-3

在实际问题中,定点计算的舍入误差,计算机产生的随机数,正弦波的随机相位等通常都服从均匀分布.在理论研究中,尤其是在分布的模拟研究中也常用到均匀分布.

【例 2】 设随机变量 X 在区间(0,10)上服从均匀分布,现对 X 进行 4 次独立观测,试求至少有 3 次观测值大于 5 的概率.

解 设 Y 是 4 次独立观测中观测值大于 5 的次数,则 $Y\sim B(4,p)$,其中 $p=P(X>5)$.

由题意,X 的概率密度为

$$f(x)=\begin{cases}\dfrac{1}{10}, & 0<x<10,\\ 0, & \text{其他},\end{cases}$$

所以

$$p=P(X>5)=\int_5^{10}\frac{1}{10}\mathrm{d}x=\frac{1}{2},\quad 即\quad Y\sim B\left(4,\frac{1}{2}\right).$$

Y 的分布律为

$$Y=\mathrm{C}_4^k\left(\frac{1}{2}\right)^k\left(1-\frac{1}{2}\right)^{4-k}=\mathrm{C}_4^k\left(\frac{1}{2}\right)^4,\quad k=0,1,2,3,4.$$

于是

$$P(Y\geqslant 3)=P(Y=3)+P(Y=4)=\mathrm{C}_4^3\left(\frac{1}{2}\right)^4+\mathrm{C}_4^4\left(\frac{1}{2}\right)^4=\frac{5}{16}.$$

2. 指数分布

定义 3 若连续型随机变量 X 具有概率密度

$$f(x)=\begin{cases}\lambda\mathrm{e}^{-\lambda x}, & x>0,\\ 0, & \text{其他},\end{cases}$$

其中 $\lambda>0$ 为常数，则称 X 服从参数为 λ 的**指数分布**(exponential distribution)，记作 $X\sim Exp(\lambda)$.

指数分布的分布函数为

$$F(x)=\begin{cases}1-\mathrm{e}^{-\lambda x}, & x>0,\\ 0, & \text{其他}.\end{cases}$$

指数分布常用于各种"寿命"分布的近似. 例如电子元件的使用寿命，随机服务系统的服务时间，机器正常工作的时间等. 指数分布在可靠性理论与排队论中也有广泛的应用.

指数分布还有一个有趣的性质——无记忆性. 因为

$$\begin{aligned}P(X>s+t\mid X>s)&=\frac{P(X>s+t,X>s)}{P(X>s)}=\frac{P(X>s+t)}{P(X>s)}\\&=\frac{1-(1-\mathrm{e}^{-\lambda(s+t)})}{1-(1-\mathrm{e}^{-\lambda s})}=\mathrm{e}^{-\lambda t}=1-(1-\mathrm{e}^{-\lambda t})=P(X>t),\end{aligned}$$

即

$$P(X>s+t\mid X>s)=P(X>t). \tag{2.5}$$

如果 X 是某一元件的寿命，那么式(2.5)表明：某元件已使用了 s 小时，它总共能使用至少 $s+t$ 小时的条件概率，与从开始使用时算起它至少能使用 t 小时的概率相等. 这就是说，元件对它已使用过的 s 小时没有记忆. 具有这一性质是指数分布具有广泛应用的重要原因.

指数分布描述了"无记忆性"时的寿命分布，但"无记忆性"是不可能的，因而只是一种近似. 对一些寿命长的元件，在初期阶段老化现象很小. 在这一阶段，指数分布较确切地描述了其寿命分布情况. 又如人的寿命，一般地，在 50 岁或 60 岁之前，由于生理上的老化而死亡的因素是次要的，若排除那些意外情况，人的寿命分布在这个阶段也应接近指数分布.

3. 正态分布

正态分布是概率论中一种最重要的分布. 一方面，正态分布是自然界中一种最常见的分布，是许许多多随机现象的定量描述. 例如在正常条件下各种产品的质量指标，如零件的尺寸，纤维的强度和张力，某地区成年男子的身高、体重，农作物的产量，小麦的穗长、株高，测量误差，射击目标的水平或垂直偏差，信号噪声，等等，都服从或近似服从正态分布. 另一方面，正态分布具有许多良好的性质. 许多分布可近似地服从正态分布，从而可用正态分布的性质来研究问题.

定义 4 若连续型随机变量 X 的概率密度为

$$f(x)=\frac{1}{\sqrt{2\pi}\sigma}\mathrm{e}^{-\frac{(x-\mu)^2}{2\sigma^2}}, \quad -\infty<x<+\infty,$$

其中 $\mu,\sigma(\sigma>0)$ 为常数，则称 X 服从参数为 $\mu,\sigma(\sigma>0)$ 的**正态分布**(normal distribution)或**高斯分布**(Gauss distribution)，记作 $X\sim N(\mu,\sigma^2)$.

利用 $\int_{-\infty}^{+\infty}\mathrm{e}^{-x^2}\mathrm{d}x=\sqrt{\pi}$，可以证明 $\int_{-\infty}^{+\infty}f(x)\mathrm{d}x=\int_{-\infty}^{+\infty}\frac{1}{\sqrt{2\pi}\sigma}\mathrm{e}^{-\frac{(x-\mu)^2}{2\sigma^2}}\mathrm{d}x=1$. 正态分布的分布函数为

$$F(x)=\frac{1}{\sqrt{2\pi}\sigma}\int_{-\infty}^{x}\mathrm{e}^{-\frac{(t-\mu)^2}{2\sigma^2}}\mathrm{d}t,\quad -\infty<x<+\infty.$$

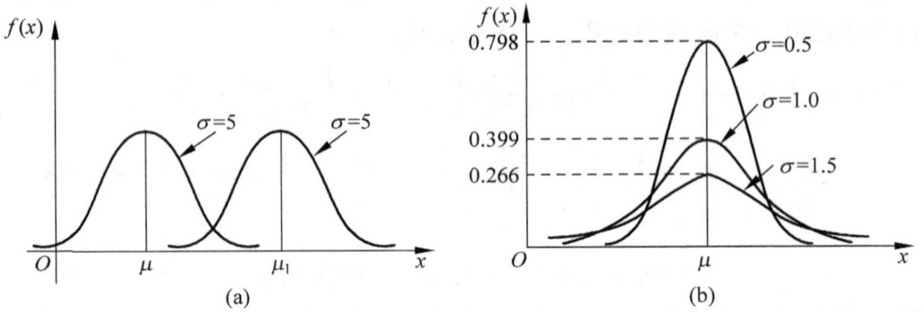

图 2-4

由图 2-4(a)和(b)可以看出，概率密度 $f(x)$ 具有如下性质：

(1) 曲线关于 $x=\mu$ 对称，在 $\mu\pm\sigma$ 处有拐点；

(2) 当 $x=\mu$ 时，$f(x)$ 有最大值 $\frac{1}{\sqrt{2\pi}\sigma}$；

(3) 曲线以 x 轴为水平渐近线；

(4) μ 确定曲线的位置，σ 确定曲线的陡峭程度.

特别地，当 $\mu=0,\sigma=1$ 时，称 X 服从**标准正态分布**(standard normal distribution)，记作 $X\sim N(0,1)$，其概率密度和分布函数分别用 $\varphi(x)$ 和 $\Phi(x)$ 表示：

$$\varphi(x)=\frac{1}{\sqrt{2\pi}}\mathrm{e}^{-\frac{x^2}{2}},\quad -\infty<x<+\infty,$$

$$\Phi(x)=\frac{1}{\sqrt{2\pi}}\int_{-\infty}^{x}\mathrm{e}^{-\frac{t^2}{2}}\mathrm{d}t,\quad -\infty<x<+\infty.$$

由 $\varphi(x)$ 关于 y 轴的对称性可得：

(1) $\Phi(0)=0.5$；

(2) $\Phi(-x)=1-\Phi(x)$.

标准正态分布之所以很重要，其中一个原因就是：任意正态分布 $N(\mu,\sigma^2)$ 的计算可通过下面的定理转化为标准正态分布 $N(0,1)$ 的计算. 标准正态分布的概率分布列成标准用表，见附表 2 给出了 $x\geqslant 0$ 时的 $\Phi(x)$ 的数值表，可以查用. 利用 Microsoft Excel 中的函

数命令可以求得与 $\Phi(x)$ 相关的值. 比如,对于实数 y,计算 $\Phi(y)$ 的命令为 NORMSDIST(y);对于 $0<p<1$,命令 NORMSINV(p) 给出 $\Phi^{-1}(p)$ 的值.

定理 1 若 $X\sim N(\mu,\sigma^2)$,则 $Y=\dfrac{X-\mu}{\sigma}\sim N(0,1)$.

证明 设 Y 的分布函数为 $F_Y(y)$,则

$$F_Y(y)=P(Y\leqslant y)=P\left(\frac{X-\mu}{\sigma}\leqslant y\right)=P(X\leqslant \mu+\sigma y)$$

$$=\frac{1}{\sqrt{2\pi}\sigma}\int_{-\infty}^{\mu+\sigma y}\mathrm{e}^{-\frac{(t-\mu)^2}{2\sigma^2}}\mathrm{d}t \xlongequal{u=\frac{t-\mu}{\sigma}} \int_{-\infty}^{y}\frac{1}{\sqrt{2\pi}}\mathrm{e}^{-\frac{u^2}{2}}\mathrm{d}u.$$

于是 $F_Y(y)$ 是标准正态分布函数,所以 $Y=\dfrac{X-\mu}{\sigma}\sim N(0,1)$.

设 $X\sim N(\mu,\sigma^2)$,则

$$P(a<X<b)=P\left(\frac{a-\mu}{\sigma}<\frac{X-\mu}{\sigma}<\frac{b-\mu}{\sigma}\right)=\Phi\left(\frac{b-\mu}{\sigma}\right)-\Phi\left(\frac{a-\mu}{\sigma}\right).$$

正态分布的 3σ 准则(3σ law) 通过查标准正态分布表可以得到:

$$P(\mu-\sigma<X<\mu+\sigma)=2\Phi(1)-1=0.6826;$$
$$P(\mu-2\sigma<X<\mu+2\sigma)=2\Phi(2)-1=0.9544;$$
$$P(\mu-3\sigma<X<\mu+3\sigma)=2\Phi(3)-1=0.9974.$$

可以看出,X 取值于区间 $(\mu-3\sigma,\mu+3\sigma)$ 内的概率几乎为 1(参见图 2-5). 在实用中把 X 落在上述区间看成为"实际上的必然事件". 正态分布的这种性质在统计学上称作"3σ 准则"(三倍标准差原则).

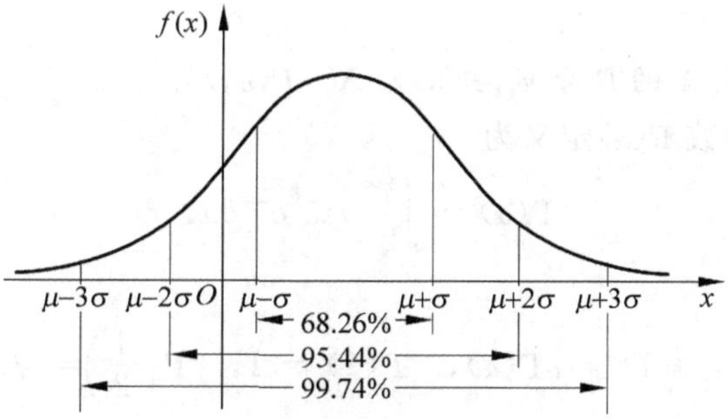

图 2-5

【例 3】 设 $X\sim N(3,2^2)$.

(1) 求 $P(2<X\leqslant 5)$;

(2) 确定 c 使得 $P(X>c)=P(X\leqslant c)$;

(3) 设 d 满足 $P(X>d)\geqslant 0.9$,则 d 至多为多少?

解 (1) $P(2<X\leqslant 5)=P\left(\frac{2-3}{2}<\frac{X-3}{2}<\frac{5-3}{2}\right)=\Phi\left(\frac{5-3}{2}\right)-\Phi\left(\frac{2-3}{2}\right)$

$=\Phi(1)-\Phi(-0.5)=\Phi(1)-(1-\Phi(0.5))$

$=0.8413-(1-0.6915)=0.5328.$

(2) $P(X\leqslant c)=P\left(\frac{X-3}{2}\leqslant\frac{c-3}{2}\right)=\Phi\left(\frac{c-3}{2}\right)$, $P(X>c)=1-P(X\leqslant c)=1-\Phi\left(\frac{c-3}{2}\right)$.

要使得 $P(X\leqslant c)=P(X>c)$,只需

$$\Phi\left(\frac{c-3}{2}\right)=1-\Phi\left(\frac{c-3}{2}\right),\quad 即\quad \Phi\left(\frac{c-3}{2}\right)=0.5,$$

所以$\frac{c-3}{2}=0$,解得 $c=3$.

(3) 按题意,d 需满足

$$P(X>d)=1-\Phi\left(\frac{d-3}{2}\right)=\Phi\left(\frac{3-d}{2}\right)\geqslant 0.9.$$

查附表 2 可得 $\Phi(1.285)=0.9$,所以由分布函数 $\Phi(x)$ 的不减性知,$\frac{3-d}{2}\geqslant 1.285$,即 $d\leqslant 0.43$,所以 d 至多为 0.43.

以下介绍另外几个连续型随机变量.

1. Γ 分布

定义 5 若连续型随机变量 X 的概率密度为

$$f(x)=\begin{cases}\dfrac{\lambda^{\alpha}}{\Gamma(\alpha)}x^{\alpha-1}\mathrm{e}^{-\lambda x}, & x>0,\alpha>0,\lambda>0,\\ 0, & x\leqslant 0,\end{cases}$$

则称 X 服从参数为 α 与 λ 的 Γ 分布,并记为 $X\sim\Gamma(\alpha,\lambda)$.

对于 $\alpha>0$,伽马函数 $\Gamma(\alpha)$ 定义为

$$\Gamma(\alpha)=\int_0^{+\infty}x^{\alpha-1}\mathrm{e}^{-x}\mathrm{d}x.$$

由伽马函数的定义得

$$\Gamma(\alpha+1)=\alpha\Gamma(\alpha),\quad \Gamma(1)=1,\quad \Gamma\left(\frac{1}{2}\right)=\sqrt{\pi}.$$

2. 卡方分布

定义 6 若连续型随机变量 X 的概率密度为

$$f(x)=\begin{cases}\dfrac{1}{2^{\frac{n}{2}}\Gamma\left(\frac{n}{2}\right)}\mathrm{e}^{-\frac{x}{2}}x^{\frac{n}{2}-1}, & x>0,\\ 0, & x\leqslant 0,\end{cases}$$

则称 X 服从自由度为 n 的卡方分布，并记为 $X\sim\chi^2(n)$.

3. **贝塔分布**

定义 7 若连续型随机变量 X 的概率密度为

$$f(x)=\begin{cases}\dfrac{x^{p-1}(1-x)^{q-1}}{\mathrm{B}(p,q)}, & x\in[0,1],\\ 0, & x\notin[0,1],\end{cases}$$

则称 X 服从参数为 p 与 q 的贝塔分布，并记为 $X\sim\beta(p,q)$.

对于 $p>0,q>0$，贝塔函数 $\mathrm{B}(p,q)$ 定义为

$$\mathrm{B}(p,q)=\int_0^1 x^{p-1}(1-x)^{q-1}\mathrm{d}x.$$

经进一步计算可得 $\mathrm{B}(p,q)=\dfrac{\Gamma(p)\Gamma(q)}{\Gamma(p+q)}$.

习题 2.3

1. 设连续型随机变量 X 的分布函数是

$$F(x)=\begin{cases}0, & x<1,\\ Ax\ln x+Bx+1, & 1\leqslant x\leqslant \mathrm{e},\\ 1, & x>\mathrm{e}.\end{cases}$$

(1)确定常数 A 及 B；(2)求 $P(1\leqslant X\leqslant 2)$；(3)求 X 的概率密度 $f(x)$.

2. 设连续型随机变量 X 的概率密度是

$$f(x)=\begin{cases}cx, & 0\leqslant x<1,\\ 0, & \text{其他}.\end{cases}$$

试求：(1)常数 c；(2)X 的分布函数 $F(x)$；(3)$P(X\leqslant 0.5)$；(4)$P(X=0.5)$.

3. 设随机变量 X 的概率密度是

$$f(x)=\begin{cases}\dfrac{A}{\sqrt{1-x^2}}, & |x|<1,\\ 0, & |x|\geqslant 1.\end{cases}$$

试求：(1)系数 A；(2)$P\left(|X|<\dfrac{1}{2}\right)$；(3)分布函数 $F(x)$.

4. 设 K 在 $(0,5)$ 上服从均匀分布. 求方程 $4x^2+4Kx+K+2=0$ 有实根的概率.

5. 从一批子弹中任意抽取 5 发试验，如果没有一发子弹落在离靶心 2m 以外，则整批子弹将被接受，设弹着点与靶心的距离 X 的概率密度为

$$f(x)=\begin{cases}Ax\mathrm{e}^{-x^2}, & x>0,\\ 0, & x\leqslant 0.\end{cases}$$

试求：(1)系数 A；(2)这批子弹被接受的概率.

6. 设随机变量 X 在区间(2,5)上服从均匀分布，现对 X 进行 3 次独立观测，试求至少有 2 次观测值大于 3 的概率.

7. 某种晶体管寿命服从参数为 $\frac{1}{1000}$ 的指数分布(单位：h). 电子仪器装有此种晶体管 5 个，并且每个晶体管损坏与否相互独立. 试求此仪器在 1000h 内恰好有两个晶体管损坏的概率.

8. 某地抽样调查结果表明，考生的外语成绩(百分制)近似服从正态分布，平均成绩为 72 分，96 分以上的占考生总数的 2.3%，试求考生的外语成绩在 60～84 分之间的概率.

9. 设随机变量 $X\sim N(1,0.6^2)$，求：(1)$P(X>0)$；(2)$P(0.2<X<1.8)$.

10. 设随机变量 $X\sim N(\mu,\sigma^2)$，而且已知 $P(X<0.5)=0.0793$，$P(X>1.5)=0.7611$，求 μ 与 σ.

11. 电源电压在不超过 200V，200～240V 和超过 240V 这三种情况下，元件损坏的概率分别为 0.1，0.001 和 0.2. 设电源电压 X 服从正态分布，$X\sim N(220,25^2)$. 试求：

(1) 元件损坏的概率；

(2) 元件损坏时，电压在 200～240V 间的概率.

12. 某工程队完成某项工程所需时间 X(单位：天)近似服从正态分布 $N(100,25)$，工程队上级规定：若工程在 100 天内完工，可获奖金 10 万元；在 100～115 天内完工，可获奖金 3 万元；超过 115 天完工，罚款 5 万元. 求该工程队在完成此项工程时，所获奖金的分布律.

13. 设测量两地间的距离时带有随机误差 X，其概率密度为

$$f(x)=\frac{1}{40\sqrt{2\pi}}\mathrm{e}^{-\frac{(x-2)^2}{3200}},\quad -\infty<x<+\infty.$$

试求：(1)测量误差的绝对值不超过 30 的概率；(2)接连测量 3 次，每次测量相互独立进行，求至少有 1 次误差不超过 30 的概率.

14. 某城市男子身高 X 服从正态分布 $N(170,36)$.

(1) 问应如何选择公共汽车车门的高度使男子与车门碰头的机会小于 0.01；

(2) 若车门高为 182cm，求 100 个男子中与车门碰头的人数不多于 2 个的概率.

15. 设随机变量 X 具有关于 y 轴对称的概率密度 $f(x)$，即 $f(-x)=f(x)$，其分布函数为 $F(x)$，试证明：对任意 $a>0$，有：

(1) $F(-a)=1-F(a)=\frac{1}{2}-\int_0^a f(x)\mathrm{d}x$；

(2) $P(|X|<a)=2F(a)-1$；

(3) $P(|X|>a)=2[1-F(a)]$.

2.4 随机变量函数的分布

在分析及解决实际问题时,经常会遇到以随机变量为自变量的函数.例如对某工厂生产的一批钢球进行检验,钢球的直径 D 是一随机变量,钢球的体积 $V=\frac{1}{6}\pi D^3$ 是关于 D 的函数,我们希望通过直径 D 的分布情况了解体积 V 的分布情况.

一般来讲,若 X 是一随机变量,$Y=g(X)$是 X 的函数,由于 Y 的取值会随 X 取值的变化而变化,从而 Y 也是一个随机变量,也需要研究它的分布情况,下面我们分几种情况进行讨论.

2.4.1 离散型随机变量函数的分布

设 X 是离散型随机变量且 $Y=g(X)$,则 Y 也是一个离散型随机变量.如果已知 X 的分布律为

X	x_1	x_2	…	x_k	…
p_k	p_1	p_2	…	p_k	…

将 $X=x_k$ 代入 $Y=g(X)$得

Y	$g(x_1)$	$g(x_2)$	…	$g(x_k)$	…
p_k	p_1	p_2	…	p_k	…

应注意的是,有些 $g(x_k)$可能会相等,要在分布律中将其对应的概率相加合并成一项.

【例 1】 设随机变量 X 的分布律为

X	-1	0	1	2
p_k	0.2	0.3	0.1	0.4

试求:(1)$Y=2X+3$ 的分布律;(2)$Y=X^2+1$ 的分布律.

解 (1) 将 X 分别取$-1,0,1,2$,代入 $Y=2X+3$,得 Y 为 $1,3,5,7$,则

$Y=2X+3$ 的分布律为

Y	1	3	5	7
p_k	0.2	0.3	0.1	0.4

(2) 将 X 的取值代入 $Y=X^2+1$ 得

Y	2	1	2	5
p_k	0.2	0.3	0.1	0.4

再对相等的值合并，得 Y 的分布律为

Y	2	1	5
p_k	0.3	0.3	0.4

2.4.2 连续型随机变量函数的分布

连续型随机变量的函数不一定是连续型随机变量. 这里我们主要讨论连续型随机变量的函数仍为连续型随机变量的情形.

设 X 是一个连续型随机变量，其概率密度为 $f_X(x)$，$g(x)$ 是一个已知的连续函数，$Y=g(X)$ 是随机变量 X 的函数. 如何求随机变量 Y 的概率密度呢？我们一般先求 Y 的分布函数 $F_Y(y)$，再对 $F_Y(y)$ 求导得到 Y 的概率密度 $f_Y(y)$.

【例 2】 设随机变量 X 的概率密度为 $f_X(x)(-\infty<x<+\infty)$，求 $Y=X^3$ 的概率密度 $f_Y(y)$.

解 分别记 X,Y 的分布函数为 $F_X(x)$，$F_Y(y)$，下面先求 $F_Y(y)$.

$$F_Y(y)=P(Y\leqslant y)=P(X^3\leqslant y)=P(X\leqslant\sqrt[3]{y})=F_X(\sqrt[3]{y}).$$

将 $F_Y(y)$ 关于 y 求导得到 Y 的概率密度为

$$f_Y(y)=\begin{cases}\dfrac{1}{3}y^{-\frac{2}{3}}f_X(\sqrt[3]{y}), & y\neq 0,\\ 0, & y=0.\end{cases}$$

【例 3】 设随机变量 X 的概率密度为 $f_X(x)=\dfrac{1}{\pi(1+x^2)}$，求 $Y=\mathrm{e}^X$ 的概率密度 $f_Y(y)$.

解 分别记 X,Y 的分布函数为 $F_X(x)$，$F_Y(y)$，下面先求 $F_Y(y)$.

$$F_Y(y)=P(Y\leqslant y)=P(\mathrm{e}^X\leqslant y).$$

因为 $Y=\mathrm{e}^X>0$，知：

当 $y\leqslant 0$ 时，$F_Y(y)=0$；

当 $y>0$ 时，$F_Y(y)=P(Y\leqslant y)=P(e^X\leqslant y)=P(X\leqslant \ln y)=F_X(\ln y)$.

将 $F_Y(y)$关于 y 求导得到

$$f_Y(y)=f_X(\ln y)\left(\frac{1}{y}\right)=\frac{1}{\pi y(1+\ln^2 y)}.$$

因此 Y 的概率密度为

$$f_Y(y)=\begin{cases}\dfrac{1}{\pi y(1+\ln^2 y)}, & y>0,\\ 0, & y\leqslant 0.\end{cases}$$

对于连续型随机变量的函数，还有下面的定理.

定理 1 设随机变量 X 具有概率密度 $f_X(x)(-\infty<x<+\infty)$，函数 $g(x)$ 处处可导且恒有 $g'(x)>0$（或恒有 $g'(x)<0$），则 $Y=g(X)$ 是连续型随机变量，其概率密度为

$$f_Y(y)=\begin{cases}f_X[h(y)]\,|h'(y)|, & \alpha<y<\beta,\\ 0, & \text{其他},\end{cases} \tag{2.6}$$

其中 $\alpha=\min\{g(-\infty),g(+\infty)\}$，$\beta=\max\{g(-\infty),g(+\infty)\}$，$h(y)$是 $g(x)$的反函数.

注 式(2.6)中，要取 $h'(y)$的绝对值，这一点不要疏忽，否则可能会得到错误结果.

【例 4】 设随机变量 $X\sim N(\mu,\sigma^2)$. 试证明 X 的线性函数 $Y=aX+b(a\neq 0)$也服从正态分布.

证明 X 的概率密度为

$$f_X(x)=\frac{1}{\sqrt{2\pi}\sigma}e^{-\frac{(x-\mu)^2}{2\sigma^2}},\quad -\infty<x<+\infty.$$

令 $y=g(x)=ax+b$，由此解得

$$x=h(y)=\frac{y-b}{a},\quad \text{且 } h'(y)=\frac{1}{a},$$

则 $Y=aX+b(a\neq 0)$的概率密度为

$$f_Y(y)=\frac{1}{|a|}f_X\left(\frac{y-b}{a}\right),\quad -\infty<y<+\infty,$$

即

$$f_Y(y)=\frac{1}{|a|\sigma\sqrt{2\pi}}e^{-\frac{\left(\frac{y-b}{a}-\mu\right)^2}{2\sigma^2}}=\frac{1}{|a|\sigma\sqrt{2\pi}}e^{-\frac{[y-(b+a\mu)]^2}{2(a\sigma)^2}},\quad -\infty<y<+\infty.$$

于是有 $Y=aX+b\sim N(a\mu+b,(a\sigma)^2)$.

由此可见，正态随机变量 X 的线性函数 $Y=aX+b(a\neq 0)$服从参数为 $a\mu+b$ 和$(a\sigma)^2$ 的正态分布.

【例 5】 设 $X\sim U\left(-\frac{\pi}{2},\frac{\pi}{2}\right)$,求 $Y=\tan X$ 的概率密度.

解 X 的概率密度为

$$f_X(x)=\begin{cases}\frac{1}{\pi}, & -\frac{\pi}{2}<x<\frac{\pi}{2},\\ 0, & \text{其他}.\end{cases}$$

令 $y=g(x)=\tan x$,由此解得

$$x=h(y)=\arctan y,\quad 且\ \alpha=g\left(-\frac{\pi}{2}\right)=-\infty,\quad \beta=g\left(\frac{\pi}{2}\right)=+\infty,\quad h'(y)=\frac{1}{1+y^2},$$

由式(2.6)知,$Y=\tan X$ 的概率密度为

$$f_Y(y)=\frac{1}{\pi(1+y^2)},\quad -\infty<y<+\infty.$$

【例 6】 设随机变量 X 的概率密度为

$$f_X(x)=\begin{cases}\frac{2x}{\pi^2}, & 0<x<\pi,\\ 0, & \text{其他},\end{cases}$$

求 $Y=\sin X$ 的概率密度 $f_Y(y)$.

解 设 X,Y 的分布函数分别为 $F_X(x),F_Y(y)$,由于 X 在$(0,\pi)$内取值,所以 $Y=\sin X$ 的可能取值区间为$(0,1)$.

当 $y\leqslant 0$ 时,$\{Y\leqslant y\}$是不可能事件,$F_Y(y)=P(Y\leqslant y)=0$,从而 $f_Y(y)=F'_Y(y)=0$;当 $y\geqslant 1$ 时,$\{Y\leqslant y\}$是必然事件,$F_Y(y)=P(Y\leqslant y)=1$,从而 $f_Y(y)=F'_Y(y)=0$;

当 $0<y<1$ 时,使$\{Y\leqslant y\}$的 x 取值范围为两个互不相交的区间(如图 2-6 所示):

$$\Delta_1(y)=[0,x_1]=[0,\arcsin y],\quad \Delta_2(y)=[x_2,\pi]=[\pi-\arcsin y,\pi].$$

于是

$$\begin{aligned}\{Y\leqslant y\}&=\{X\in\Delta_1(y)\}\cup\{X\in\Delta_2(y)\}\\&=\{0\leqslant X\leqslant\arcsin y\}\cup\{\pi-\arcsin y\leqslant X\leqslant\pi\}.\end{aligned}$$

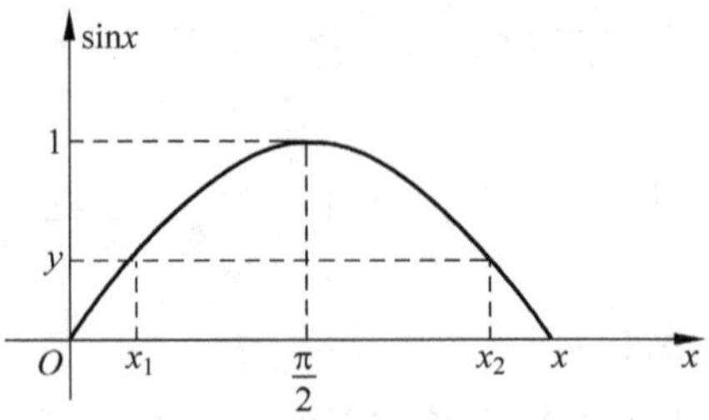

图 2-6

故

$$\begin{aligned}F_Y(y) &= P(Y \leqslant y) = P(\{0 \leqslant X \leqslant \arcsin y\} \cup \{\pi - \arcsin y \leqslant X \leqslant \pi\}) \\ &= P(0 \leqslant X \leqslant \arcsin y) + P(\pi - \arcsin y \leqslant X \leqslant \pi) \\ &= F_X(\arcsin y) - F_X(0) + F_X(\pi) - F_X(\pi - \arcsin y).\end{aligned}$$

将上式两端对 y 求导,得

$$\begin{aligned}f_Y(y) &= F'_Y(y) = f_X(\arcsin y)\frac{1}{\sqrt{1-y^2}} + f_X(\pi - \arcsin y)\frac{1}{\sqrt{1-y^2}} \\ &= \frac{2\arcsin y}{\pi^2}\frac{1}{\sqrt{1-y^2}} + \frac{2(\pi - \arcsin y)}{\pi^2}\frac{1}{\sqrt{1-y^2}} \\ &= \frac{2}{\pi\sqrt{1-y^2}}.\end{aligned}$$

所以

$$f_Y(y) = \begin{cases}\dfrac{2}{\pi\sqrt{1-y^2}}, & 0 < y < 1, \\ 0, & 其他.\end{cases}$$

习题 2.4

1. 设随机变量 X 的分布律为

X	-2	-1	0	1	3
p_k	0.2	0.1	0.2	0.1	0.4

试求:(1)$Y_1 = X^2$ 的分布律;(2)$Y_2 = 3X - 1$ 的分布律.

2. 设随机变量 X 服从$(-1,2)$上的均匀分布,记

$$Y = \begin{cases}1, & X \geqslant 0, \\ -1, & X < 0,\end{cases}$$

试求 Y 的分布律.

3. 设随机变量 X 在$(0,1)$上服从均匀分布.求:(1)$Y = e^X$ 的概率密度;(2)$Y = -2\ln X$ 的概率密度.

4. 设连续型随机变量 X 的概率密度为

$$f(x) = \begin{cases}e^{-x}, & x \geqslant 0, \\ 0, & x < 0,\end{cases}$$

求 $Y = \sqrt{X}$ 的概率密度 $f_Y(y)$.

5. 设随机变量 X 服从标准正态分布，$Y=1-2|X|$，试求 Y 的概率密度.

6. 设随机变量 X 在 $(0,2\pi)$ 内服从均匀分布，求 $Y=\cos X$ 的概率密度.

总复习题 2

1. 下列函数中，(　　)可以作为连续型随机变量的分布函数.

A. $F(x)=\begin{cases}e^x, & x<0,\\ 1, & x\geqslant 0\end{cases}$　　B. $G(x)=\begin{cases}e^{-x}, & x<0,\\ 1, & x\geqslant 0\end{cases}$

C. $\Phi(x)=\begin{cases}0, & x<0,\\ 1-e^x, & x\geqslant 0\end{cases}$　　D. $H(x)=\begin{cases}0, & x<0,\\ 1+e^{-x}, & x\geqslant 0\end{cases}$

2. $P(X=x_k)=\dfrac{2}{p_k}(k=1,2\cdots)$为一随机变量 X 的概率分布的必要条件是(　　).

A. x_k 非负　　B. x_k 为整数　　C. $0\leqslant p_k\leqslant 2$　　D. $p_k\geqslant 2$

3. 设 $F(x)=\begin{cases}a-be^{-2x}, & x>0,\\ c, & x\leqslant 0\end{cases}$ 是随机变量 X 的分布函数，求 a,b,c.

4. 设随机变量 X 的分布律为 $P(X=k)=\dfrac{ak}{n}(k=0,1,2,\cdots,n)$，求 a 的值.

5. 已知随机变量 X 只能取 $-1,0,1,3$，相应的概率为 $\dfrac{1}{a},\dfrac{3}{2a},\dfrac{5}{4a},\dfrac{7}{8a}$，求概率 $P(X\geqslant 0)$.

6. 2008年中国奥运会吉祥物由5个“中国福娃”组成，分别叫做贝贝、晶晶、欢欢、迎迎、妮妮，现有8个相同的盒子，每个盒中放一个福娃，每种福娃的数量如下表：

福娃名称	贝贝	晶晶	欢欢	迎迎	妮妮
数量	1	2	3	1	1

从中随机地选出5只，若完整地选出“奥运吉祥物”记100分；若选出的5只中仅差一种记80分；差两种计60分；以此类推，即 X 表示所得分数，求 X 的分布律.

7. 设某射手每次击中目标的概率为0.8，现连续地向一目标射击，直到击中为止.设 X 为射击次数，则 X 的可能取值为 $1,2,\cdots$，试求：(1) X 的概率分布；(2)概率 $P(2<X\leqslant 4)$ 及 $P(X\geqslant 3)$.

8. 设连续型随机变量 X 的概率密度是

$$f_X(x)=\begin{cases}\dfrac{3}{8}x^2, & 0<x<2,\\ 0, & \text{其他},\end{cases}$$

连续型随机变量 Y 的概率密度是

$$f_Y(y)=\begin{cases}\dfrac{3}{8}y^2, & 0<y<2,\\ 0, & \text{其他},\end{cases}$$

已知事件 $A=\{X>a\}$，$B=\{Y>a\}$相互独立，且 $P(A+B)=\dfrac{3}{4}$，试确定常数 a 的值.

9. 某电子元件的寿命 X 的概率密度为(单位：h)

$$f(x)=\begin{cases}\dfrac{1000}{x^2}, & x>1000,\\ 0, & x\leqslant 1000.\end{cases}$$

装有 5 个这种电子元件的系统在使用的前 1500h 内正好有 2 个元件需要更新的概率为多少？(设各元件损坏与否相互独立)

10. 设顾客在某银行的窗口等待服务的时间 X(以分计)服从指数分布，其概率密度为

$$f_X(x)=\begin{cases}\dfrac{1}{5}\mathrm{e}^{-\frac{x}{5}}, & x>0,\\ 0, & \text{其他},\end{cases}$$

某顾客在窗口等待服务，若超过 10min，他就离开. 他一个月要到银行 5 次. 以 Y 表示一个月内他未等到服务而离开窗口的次数. 写出 Y 的分布律，并求 $P(Y\geqslant 1)$.

11. 假设一大型设备在任何长为 t 的时间内发生故障的次数 $N(t)$服从参数为 λt 的泊松分布. 试求：(1)相继两次故障之间的时间间隔 T 的概率分布；(2)求在设备已经无故障工作 8h 的情形下，再无故障运行 8h 的概率.

12. 某企业准备通过招聘考试招收 300 名职工，其中正式工 280 人，临时工 20 人. 报考的人数是 1657 人，考试满分是 400 分. 考生成绩近似服从正态分布. 考试后得知考试总平均成绩，即 $\mu=166$ 分，360 分以上的高分考生 31 人. 某考生 B 得 256 分？问他能否被录取？能否被聘为正式工？

13. 设随机变量 X 服从正态分布 $N(\mu,\sigma^2)(\sigma>0)$，且二次方程 $y^2+4y+X=0$ 无实根的概率为 0.5，求 μ 的值.

14. 设随机变量 X 的概率密度为

$$f_X(x)=\begin{cases}1-|x|, & -1<x<1,\\ 0, & \text{其他}.\end{cases}$$

求随机变量 $Y=X^2+1$ 的概率密度.

15. 设随机变量 X 的分布函数 $F(x)$连续，求 $Y=F(X)$的概率密度.

第3章 多维随机变量及其分布

CHAPTER 3

第 2 章我们只讨论了一个随机变量的情况，但在很多实际问题中，试验结果通常需要用两个或两个以上的随机变量才能描述. 例如，炮弹弹着点的位置需要由它的横坐标 X 和纵坐标 Y 来确定，而横坐标和纵坐标是定义在同一个样本空间的两个随机变量. 再如，在制定我国的服装标准时，需同时考虑人体的上身长、臂长、胸围、下肢长、腰围、臀围等多个变量. 在很多情况下，对于同一个试验结果的各个随机变量之间，一般有某种联系，因而需要把它们作为一个整体来研究.

3.1 多维随机变量及其分布函数

3.1.1 二维随机变量

定义 1 设随机试验 E 的样本空间为 $\Omega=\{\omega\}$，$X(\omega)$，$Y(\omega)$分别是定义在同一个样本空间上的两个随机变量，称(X,Y)为定义在 Ω 上的**二维随机变量**(two-dimension random variables)或**二维随机向量**.

例如，炮弹弹着点的位置需由它的横坐标 X 和纵坐标 Y 来确定，这里(X,Y)是二维随机变量.

类似地，设 $X_1,X_2,\cdots,X_n$ 是定义在同一个样本空间 Ω 上的 n 个随机变量，称$(X_1,X_2,\cdots,X_n)$为 ***n* 维随机变量**.

通常把二维或二维以上的随机变量称为多维随机变量. 相对于多维随机变量，称随机变量 X 为一维随机变量.

3.1.2 二维随机变量的联合分布函数

类似于一维随机变量，我们讨论二维随机变量的分布函数.

定义 2 设(X,Y)是二维随机变量，对任意实数x,y，事件$\{X\leqslant x\}$与$\{Y\leqslant y\}$同时发生的概率$P(\{X\leqslant x\}\cap\{Y\leqslant y\})$称为$(X,Y)$的**分布函数**或随机变量$X$和$Y$的**联合分布函数**(unity distribution function)，记为$F(x,y)$，即

$$F(x,y)=P(\{X\leqslant x\}\cap\{Y\leqslant y\})=P(X\leqslant x,Y\leqslant y).$$

若将二维随机变量(X,Y)看成是平面上随机点的坐标，则分布函数$F(x,y)$在(x,y)处的函数值就是随机点(X,Y)落在点(x,y)左下方无穷矩形域内的概率(参见图3-1(a))．由图3-1(b)，容易算出随机点(X,Y)落在矩形区域$x_1<x\leqslant x_2,y_1<y\leqslant y_2$内的概率为

$$P(x_1<X\leqslant x_2,y_1<Y\leqslant y_2)=F(x_2,y_2)-F(x_2,y_1)+F(x_1,y_1)-F(x_1,y_2).$$

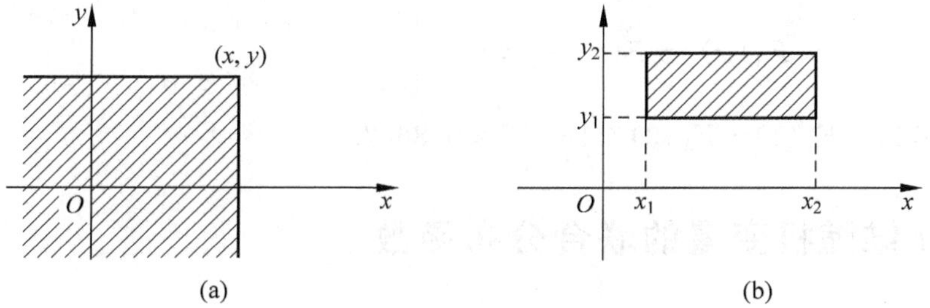

图 3-1

二维随机变量(X,Y)的分布函数$F(x,y)$具有如下4条性质：

(1) 单调性　$F(x,y)$是分别关于变量x和y的不减函数，即当$x_1<x_2$时，有

$$F(x_1,y)\leqslant F(x_2,y)；当\ y_1<y_2\ 时，有\ F(x,y_1)\leqslant F(x,y_2).$$

(2) 有界性　$0\leqslant F(x,y)\leqslant 1$，且

$$F(-\infty,y)=0,\quad F(x,-\infty)=0,\quad F(-\infty,-\infty)=0,\quad F(+\infty,+\infty)=1.$$

(3) 右连续性　$F(x,y)$关于x右连续，关于y右连续，即

$$F(x+0,y)=F(x,y),\quad F(x,y+0)=F(x,y).$$

(4) 非负性　对于任意的实数x_1,x_2,y_1,y_2，$x_1<x_2,y_1<y_2$，有

$$P(x_1<X\leqslant x_2,y_1<Y\leqslant y_2)=F(x_2,y_2)-F(x_2,y_1)+F(x_1,y_1)-F(x_1,y_2)\geqslant 0.$$

3.1.3 二维随机变量的边缘分布函数

若二维随机变量(X,Y)的分布函数为$F(x,y)$，则(X,Y)中随机变量X的分布函数称为(X,Y)关于X的边缘分布函数，记为$F_X(x)$，即

$$F_X(x)=P(X\leqslant x)=P(X\leqslant x,Y<+\infty)=F(x,+\infty).$$

同理，二维随机变量(X,Y)关于Y的边缘分布函数，记为$F_Y(y)$，即

$$F_Y(y)=P(Y\leqslant y)=P(X<+\infty,Y\leqslant y)=F(+\infty,y).$$

【例 1】 设二维随机变量(X,Y)的分布函数为

$$F(x,y)=\begin{cases}(1-\mathrm{e}^{-2x})(1-\mathrm{e}^{-y}), & x>0,y>0,\\ 0, & \text{其他},\end{cases}$$

求 $P(0<X\leqslant 1,0<Y\leqslant 1)$，$P(0<X\leqslant 1)$.

解 $P(0<X\leqslant 1,0<Y\leqslant 1)=F(1,1)-F(1,0)-F(0,1)+F(0,0)$

$=(1-\mathrm{e}^{-2})(1-\mathrm{e}^{-1})-0-0+0=(1-\mathrm{e}^{-2})(1-\mathrm{e}^{-1})$

$\approx 0.5466.$

由边缘分布函数的定义，可得

$$F_X(x)=F(x,+\infty)=\begin{cases}1-\mathrm{e}^{-2x}, & x>0,\\ 0, & x\leqslant 0,\end{cases}$$

则 $P(0<X\leqslant 1)=F_X(1)-F_X(0)=1-\mathrm{e}^{-2}\approx 0.8647.$

3.1.4 n 维随机变量的联合分布函数

与二维随机变量类似，可定义 n 维随机变量的联合分布函数与边缘分布函数.

对任意 n 个实数 $x_1,x_2,\cdots,x_n$，则 n 个事件$\{X_1\leqslant x_1\},\{X_2\leqslant x_2\},\cdots,\{X_n\leqslant x_n\}$同时发生的概率

$$F(x_1,x_2,\cdots,x_n)=P(X_1\leqslant x_1,X_2\leqslant x_2,\cdots,X_n\leqslant x_n)$$

称为 n 维随机变量$(X_1,X_2,\cdots,X_n)$的分布函数或随机变量 $X_1,X_2,\cdots,X_n$ 的联合分布函数.

n 维随机变量$(X_1,X_2,\cdots,X_n)$的边缘分布函数也可类似地定义，例如，其关于随机变量 X_1，(X_1,X_2)，(X_1,X_2,X_3)的边缘分布函数可分别表示为

$$F_{X_1}(x_1)=F(x_1,+\infty,+\infty,\cdots,+\infty),$$

$$F_{X_1,X_2}(x_1,x_2)=F(x_1,x_2,+\infty,\cdots,+\infty),$$

$$F_{X_1,X_2,X_3}(x_1,x_2,x_3)=F(x_1,x_2,x_3,+\infty,\cdots,+\infty).$$

习题 3.1

1. 判断

$$F(x,y)=\begin{cases}\dfrac{1}{2}+(1-\mathrm{e}^{-x})(1-\mathrm{e}^{-y}), & x>0,y>0,\\ \dfrac{1}{2}, & \text{其他}\end{cases}$$

是否可以作为二维随机变量(X,Y)的分布函数？

2. 一电子器件包含两部分，分别以X,Y记这两部分的寿命(单位：h)，设(X,Y)的分布函数为

$$F(x,y)=\begin{cases}1-e^{-0.01x}-e^{-0.01y}+e^{-0.01(x+y)}, & x>0,y>0,\\ 0, & \text{其他}.\end{cases}$$

求：(1)$P(0<X\leqslant 100,0<Y\leqslant 100)$；(2)$P(0<X\leqslant 100)$.

3. 设二维随机变量(X,Y)的分布函数为

$$F(x,y)=A\left(B+\arctan\frac{x}{2}\right)\left(\frac{\pi}{2}+\arctan\frac{y}{3}\right),\quad -\infty<x,y<+\infty.$$

求：(1)常数A,B；(2)$P(X\leqslant 2,Y\leqslant 3)$.

3.2 二维离散型随机变量

3.2.1 二维离散型随机变量的联合分布律

定义 1 若二维随机变量(X,Y)的所有可能取值是有限或可列个数对，则称(X,Y)是**二维离散型随机变量**(two-dimension discrete random variable).

定义 2 设二维离散型随机变量(X,Y)的所有可能取值为$(x_i,y_j)(i,j=1,2,\cdots)$，则称

$$p_{ij}=P(X=x_i,Y=y_j),\quad i,j=1,2,\cdots$$

为二维离散型随机变量(X,Y)的**分布律**，或随机变量X和Y的**联合分布律**.

类似一维随机变量的分布律，(X,Y)的分布律需满足如下两个条件：

(1) 非负性 $p_{ij}\geqslant 0(i,j=1,2,\cdots)$；

(2) 规范性 $\displaystyle\sum_{i=1}^{\infty}\sum_{j=1}^{\infty}p_{ij}=1$.

另外也可用表格表示二维离散型随机变量(X,Y)的分布律：

X \ Y	y_1	y_2	$\cdots$	y_j	$\cdots$
x_1	p_{11}	p_{12}	$\cdots$	p_{1j}	$\cdots$
x_2	p_{21}	p_{22}	$\cdots$	p_{2j}	$\cdots$
$\vdots$	$\vdots$	$\vdots$		$\vdots$	$\cdots$
x_i	p_{i1}	p_{i2}	$\cdots$	p_{ij}	$\cdots$
$\vdots$	$\vdots$	$\vdots$		$\vdots$	

注 求二维离散型随机变量的分布律,关键是写出其所有可能的取值及取值的概率,通常写完后应验证所有概率的和是否为1.

【例1】 口袋中有五件产品,其中两件次品,三件正品,从袋中随机地取两次,每次取一件,取后放回. 设随机变量 X,Y 分别表示第一次、第二次取到的正品数,试求(X,Y)的分布律及 $P(X+Y=1)$.

解 随机变量 X,Y 的所有可能取值均为0,1,则

$$P(X=0,Y=0)=\frac{2\times 2}{5\times 5}=\frac{4}{25},\quad P(X=0,Y=1)=\frac{2\times 3}{5\times 5}=\frac{6}{25}.$$

同理可得

$$P(X=1,Y=0)=\frac{3\times 2}{5\times 5}=\frac{6}{25},\quad P(X=1,Y=1)=\frac{3\times 3}{5\times 5}=\frac{9}{25}.$$

于是(X,Y)的分布律为

X \ Y	0	1
0	$\frac{4}{25}$	$\frac{6}{25}$
1	$\frac{6}{25}$	$\frac{9}{25}$

$$P(X+Y=1)=P(X=1,Y=0)+P(X=0,Y=1)=\frac{6}{25}+\frac{6}{25}=\frac{12}{25}.$$

【例2】 设随机变量 X 在1,2,3,4四个整数中等可能地取一个值,另一个随机变量 Y 在 $1\sim X$ 中等可能地取一整数值,试求(X,Y)的分布律及 $P(X=Y)$.

解 随机变量 X,Y 的所有可能取值均为1,2,3,4.

当 $1\leqslant j\leqslant i\leqslant 4$ 时,由乘法公式得

$$P(X=i,Y=j)=P(X=i)P(Y=j\mid X=i)=\frac{1}{4}\times\frac{1}{i}=\frac{1}{4i}.$$

当 $j>i$ 时,$P(X=i,Y=j)=0$.

于是(X,Y)的分布律为

X \ Y	1	2	3	4
1	$\frac{1}{4}$	0	0	0
2	$\frac{1}{8}$	$\frac{1}{8}$	0	0
3	$\frac{1}{12}$	$\frac{1}{12}$	$\frac{1}{12}$	0
4	$\frac{1}{16}$	$\frac{1}{16}$	$\frac{1}{16}$	$\frac{1}{16}$

$$P(X=Y)=P(X=1,Y=1)+P(X=2,Y=2)+P(X=3,Y=3)+P(X=4,Y=4)$$
$$=\frac{1}{4}+\frac{1}{8}+\frac{1}{12}+\frac{1}{16}=\frac{25}{48}.$$

3.2.2 二维离散型随机变量的边缘分布律

定义 3 设(X,Y)为离散型的二维随机变量，其分布律为

$$p_{ij}=P(X=x_i,Y=y_j),\quad i,j=1,2,\cdots.$$

对j求和所得的分布律

$$p_{i\cdot}=\sum_{j=1}^{\infty}p_{ij}=\sum_{j=1}^{\infty}P(X=x_i,Y=y_j)=P(X=x_i),\quad i=1,2,\cdots$$

称为关于X的**边缘分布律**(marginal distribution law).

类似地，对i求和可得Y的边缘分布律

$$p_{\cdot j}=\sum_{i=1}^{\infty}p_{ij}=\sum_{i=1}^{\infty}P(X=x_i,Y=y_j)=P(Y=y_j),\quad j=1,2,\cdots.$$

边缘分布律也可以用如下表格表示.

X \ Y	y_1	y_2	$\cdots$	y_j	$\cdots$	$p_{i\cdot}$
x_1	p_{11}	p_{12}	$\cdots$	p_{1j}	$\cdots$	$\sum_{j=1}^{\infty}p_{1j}$
x_2	p_{21}	p_{22}	$\cdots$	p_{2j}	$\cdots$	$\sum_{j=1}^{\infty}p_{2j}$
$\vdots$	$\vdots$	$\vdots$		$\vdots$		$\vdots$
x_i	p_{i1}	p_{i2}	$\cdots$	p_{ij}	$\cdots$	$\sum_{j=1}^{\infty}p_{ij}$
$\vdots$	$\vdots$	$\vdots$		$\vdots$		$\vdots$
$p_{\cdot j}$	$\sum_{i=1}^{\infty}p_{i1}$	$\sum_{i=1}^{\infty}p_{i2}$	$\cdots$	$\sum_{i=1}^{\infty}p_{ij}$	$\cdots$	1

上表中，中间部分是(X,Y)的分布律，而边缘部分是(X,Y)关于X和关于Y的边缘分布律，这也是“边缘分布律”这个名词的来源.

【例 3】 求本节例 2 中二维随机变量(X,Y)关于 X 和关于 Y 的边缘分布律.

解 由本节例 2 中的分布律,可知

$$p_{1\cdot}=\frac{1}{4}+0+0+0=\frac{1}{4},\quad p_{2\cdot}=\frac{1}{8}+\frac{1}{8}+0+0=\frac{1}{4}.$$

同理可求得 $p_{3\cdot}=p_{4\cdot}=\frac{1}{4}$.

$$p_{\cdot 1}=\frac{1}{4}+\frac{1}{8}+\frac{1}{12}+\frac{1}{16}=\frac{25}{48},\quad p_{\cdot 2}=0+\frac{1}{8}+\frac{1}{12}+\frac{1}{16}=\frac{13}{48}.$$

同理可求得 $p_{\cdot 3}=\frac{7}{48},p_{\cdot 4}=\frac{1}{16}$.

列表得

X \ Y	1	2	3	4	$p_{i\cdot}$
1	$\frac{1}{4}$	0	0	0	$\frac{1}{4}$
2	$\frac{1}{8}$	$\frac{1}{8}$	0	0	$\frac{1}{4}$
3	$\frac{1}{12}$	$\frac{1}{12}$	$\frac{1}{12}$	0	$\frac{1}{4}$
4	$\frac{1}{16}$	$\frac{1}{16}$	$\frac{1}{16}$	$\frac{1}{16}$	$\frac{1}{4}$
$p_{\cdot j}$	$\frac{25}{48}$	$\frac{13}{48}$	$\frac{7}{48}$	$\frac{1}{16}$	1

或写成

X	1	2	3	4
$p_{i\cdot}$	$\frac{1}{4}$	$\frac{1}{4}$	$\frac{1}{4}$	$\frac{1}{4}$

Y	1	2	3	4
$p_{\cdot j}$	$\frac{25}{48}$	$\frac{13}{48}$	$\frac{7}{48}$	$\frac{1}{16}$

3.2.3 二维离散型随机变量的相互独立性

第 1 章中我们定义了两个事件的独立性,即如果有 $P(AB)=P(A)P(B)$,则称事件 A,B 相互独立. 现在把此概念推广到两个离散型随机变量上.

设有二维离散型随机变量(X,Y),如果记 $A=\{X=x_i\},B=\{Y=y_j\}$,则由 $P(AB)=P(A)P(B)$得 $P(X=x_i,Y=y_j)=P(X=x_i)P(Y=y_j)$. 由此可得下面的定义.

定义 4 设(X,Y)为二维离散型随机变量,其分布律为

$$p_{ij}=P(X=x_i,Y=y_j),\quad i,j=1,2,\cdots.$$

若对(X,Y)的所有可能取值(x_i,y_j),有

$$P(X=x_i,Y=y_j)=P(X=x_i)P(Y=y_j),\quad i,j=1,2,\cdots,$$

则称随机变量 X 和 Y **相互独立**.

类似地,如果记 $A=\{X\leqslant x\}$,$B=\{Y\leqslant y\}$,可推出如下定义.

定义 5 设 $F(x,y)$及 $F_X(x)$,$F_Y(y)$分别是二维随机变量(X,Y)的分布函数及边缘分布函数,若对所有的$(x,y)\in\mathbb{R}^2$,有

$$F(x,y)=F_X(x)\cdot F_Y(y),$$

则称随机变量 X 和 Y **相互独立**.

【例 4】 设随机变量 X 与 Y 的联合分布律为

$X\backslash Y$	-1	0	1
-1	0.2	0.5	0
2	0.1	0.1	k

(1)求常数 k;(2)判断随机变量 X 与 Y 的独立性.

解 (1) $k=1-0.2-0.5-0.1-0.1=0.1$.

(2) 由已知可得,X 和 Y 的边缘分布律如下:

$X\backslash Y$	-1	0	1	$p_{i\cdot}$
-1	0.2	0.5	0	0.7
2	0.1	0.1	0.1	0.3
$p_{\cdot j}$	0.3	0.6	0.1	1

因为 $P(X=-1,Y=1)=0$,$P(X=-1)P(Y=1)=0.7\times0.1=0.7$,所以

$$P(X=-1,Y=1)\neq P(X=-1)P(Y=1),$$

即 X 与 Y 不相互独立.

【例 5】 设二维离散型随机变量(X,Y)的分布律为

$X\backslash Y$	1	2	3
1	$\frac{1}{6}$	$\frac{1}{9}$	$\frac{1}{18}$
2	$\frac{1}{3}$	α	β

且 X 与 Y 相互独立，求 α,β.

解 由已知可求，X 和 Y 的边缘分布律如下：

$X \backslash Y$	1	2	3	$p_{i\cdot}$
1	$\frac{1}{6}$	$\frac{1}{9}$	$\frac{1}{18}$	$\frac{1}{3}$
2	$\frac{1}{3}$	α	β	$\frac{1}{3}+\alpha+\beta$
$p_{\cdot j}$	$\frac{1}{2}$	$\frac{1}{9}+\alpha$	$\frac{1}{18}+\beta$	1

因为 X 与 Y 相互独立，故

$$\begin{cases} P(X=1,Y=2)=P(X=1)P(Y=2), \\ P(X=1,Y=3)=P(X=1)P(Y=3), \end{cases} \quad 即 \quad \begin{cases} \dfrac{1}{9}=\dfrac{1}{3}\left(\dfrac{1}{9}+\alpha\right), \\ \dfrac{1}{18}=\dfrac{1}{3}\left(\dfrac{1}{18}+\beta\right), \end{cases}$$

由此解得 $\alpha=\frac{2}{9},\beta=\frac{1}{9}$.

习题 3.2

1. 一口袋中有三个球，其中两个红球，一个白球，取两次，每次取一个，考虑两种情况：(1)放回抽样；(2)不放回抽样. 定义随机变量 X,Y 如下：

$$X=\begin{cases} 1, & 若第一次取出的是红球, \\ 0, & 若第一次取出的是白球; \end{cases} \qquad Y=\begin{cases} 1, & 若第二次取出的是红球, \\ 0, & 若第二次取出的是白球. \end{cases}$$

试分别就(1)、(2)两种情况，写出(X,Y)的分布律.

2. 设(X,Y)的分布律为

$X \backslash Y$	0	1
0	0.56	0.24
1	0.14	0.06

求 $P\left(X\leqslant\frac{1}{2},Y\leqslant\frac{1}{2}\right),P(X\geqslant1),P\left(X<\frac{1}{2}\right)$.

3. 设随机变量(X,Y)只能取下列数组中的值：$(0,0)$，$(-1,1)$，$\left(-1,\frac{1}{3}\right)$，$(2,0)$，且取这些值的概率依次为$\frac{1}{6}$，$\frac{1}{3}$，$\frac{1}{12}$，$\frac{5}{12}$. 求：(1)此二维随机变量的分布律；(2)$X$和$Y$的边缘分布律；(3)判断$X$和$Y$是否相互独立？并说明理由.

4. 甲乙两人独立地各进行两次射击，已知甲的命中率为0.2，乙的命中率为0.5，以X和Y分别表示甲和乙的命中次数，求(X,Y)的分布律.

5. 设随机变量X和Y有如下的分布律：

X	0	1
p_i	0.5	0.5

Y	-1	0	1
p_i	0.25	0.5	0.25

且$P(XY=0)=1$.

(1)求X和Y的联合分布律；(2)判断X和Y是否相互独立？为什么？

6. 设二维随机变量(X,Y)的分布律为

X \ Y	0	2
0	$\frac{1}{3}$	a
2	b	$\frac{1}{6}$

已知事件$\{X=0\}$与事件$\{X+Y=2\}$相互独立，求a，b的值.

7. 随机变量Y服从参数$\lambda=1$的指数分布，随机变量

$$X_k=\begin{cases}0, & Y\leqslant k,\\ 1, & Y>k,\end{cases}\quad k=1,2.$$

求(X_1,X_2)的分布律及边缘分布律.

3.3 二维连续型随机变量

3.3.1 二维连续型随机变量的概率密度

定义1 对于二维随机变量(X,Y)的分布函数$F(x,y)$，如果存在非负函数$f(x,y)$，

使对于任意实数 x,y，有

$$F(x,y)=\int_{-\infty}^{x}\int_{-\infty}^{y}f(u,v)\mathrm{d}u\mathrm{d}v,$$

则称(X,Y)是**二维连续型随机变量**(two-dimension continuous random variable)，函数$f(x,y)$称为(X,Y)的**概率密度**或 X 和 Y 的**联合概率密度**.

类似一维连续型随机变量的概率密度，二维连续型随机变量的概率密度 $f(x,y)$具有如下性质：

(1) $f(x,y)\geqslant 0$；

(2) $\int_{-\infty}^{+\infty}\int_{-\infty}^{+\infty}f(x,y)\mathrm{d}x\mathrm{d}y=1$；

(3) 若 $f(x,y)$在点(x,y)连续，则$\dfrac{\partial^2 F(x,y)}{\partial x\partial y}=f(x,y)$；

(4) 设 G 是 xOy 平面上的一个区域，点(X,Y)落在 G 内的概率为

$$P((X,Y)\in G)=\iint_{G}f(x,y)\mathrm{d}x\mathrm{d}y.$$

【例 1】 设随机变量(X,Y)的概率密度为

$$f(x,y)=\begin{cases}k\mathrm{e}^{-(3x+4y)}, & x>0,y>0,\\ 0, & \text{其他}.\end{cases}$$

试求：(1)常数 k；(2)(X,Y)的分布函数 $F(x,y)$；(3)$P(X+Y\leqslant 1)$.

解 (1) 由概率密度的性质(2)知

$$1=\int_{-\infty}^{+\infty}\int_{-\infty}^{+\infty}f(x,y)\mathrm{d}x\mathrm{d}y=\int_{0}^{+\infty}\int_{0}^{+\infty}k\mathrm{e}^{-(3x+4y)}\mathrm{d}x\mathrm{d}y$$

$$=\int_{0}^{+\infty}k\mathrm{e}^{-3x}\mathrm{d}x\int_{0}^{+\infty}\mathrm{e}^{-4y}\mathrm{d}y=\frac{1}{12}k,$$

因此，$k=12$.

(2) $$F(x,y)=\int_{-\infty}^{x}\int_{-\infty}^{y}f(x,y)\mathrm{d}x\mathrm{d}y$$

$$=\begin{cases}\int_{0}^{x}\int_{0}^{y}12\mathrm{e}^{-(3x+4y)}\mathrm{d}x\mathrm{d}y, & x>0,y>0\\ 0, & \text{其他}\end{cases}$$

$$=\begin{cases}(1-\mathrm{e}^{-3x})(1-\mathrm{e}^{-4y}), & x>0,y>0,\\ 0, & \text{其他}.\end{cases}$$

(3) 随机变量(X,Y)的可能取值区域如图 3-2 所示，由概率密度的性质可得

$$P(X+Y\leqslant 1)=\int_{0}^{1}\mathrm{d}x\int_{0}^{1-x}12\mathrm{e}^{-(3x+4y)}\mathrm{d}y=1-4\mathrm{e}^{-3}+3\mathrm{e}^{-4}\approx 0.8558.$$

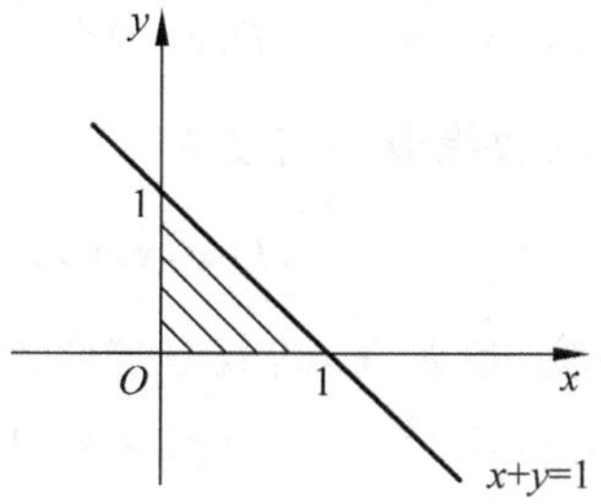

图 3-2

3.3.2 两个常用二维连续型随机变量的概率密度

1. 二维均匀分布

设(X,Y)为二维随机变量，G是平面上的一个有界区域，其面积为$A(A>0)$，若(X,Y)的概率密度为

$$f(x,y)=\begin{cases}\dfrac{1}{A}, & (x,y)\in G,\\ 0, & (x,y)\notin G,\end{cases}$$

则称二维随机变量(X,Y)在区域G上服从**二维均匀分布**(two-dimension uniform distribution).

2. 二维正态分布

设(X,Y)的概率密度为

$$f(x,y)=\frac{1}{2\pi\sigma_1\sigma_2\sqrt{1-\rho^2}}\mathrm{e}^{-\frac{1}{2(1-\rho^2)}\left[\frac{(x-\mu_1)^2}{\sigma_1^2}-2\rho\frac{(x-\mu_1)(y-\mu_2)}{\sigma_1\sigma_2}+\frac{(y-\mu_2)^2}{\sigma_2^2}\right]},$$

其中$\mu_1,\mu_2,\sigma_1,\sigma_2,\rho$都是常数，$\sigma_1>0,\sigma_2>0,|\rho|<1,x,y$是任意实数. 则称$(X,Y)$服从参数为$\mu_1,\mu_2,\sigma_1,\sigma_2,\rho$的**二维正态分布**(two-dimension normal distribution)，记为$(X,Y)\sim N(\mu_1,\sigma_1^2;\ \mu_2,\sigma_2^2;\ \rho)$.

3.3.3 二维连续型随机变量的边缘概率密度

对于二维连续型随机变量(X,Y)，设它的概率密度为$f(x,y)$，因为

$$F_X(x)=F(x,+\infty)=\int_{-\infty}^{x}\left(\int_{-\infty}^{+\infty}f(u,v)\mathrm{d}v\right)\mathrm{d}u=\int_{-\infty}^{x}f_X(u)\mathrm{d}u,$$

显然，$F_X(x)$是连续型随机变量X的分布函数，其概率密度，即(X,Y)关于X的**边缘概率密度**(edge density function)为

$$f_X(x)=\int_{-\infty}^{+\infty}f(x,y)\mathrm{d}y.$$

类似地，可得(X,Y)关于Y的边缘概率密度为

$$f_Y(y)=\int_{-\infty}^{+\infty}f(x,y)\mathrm{d}x.$$

【例 2】 设二维连续型随机变量(X,Y)的概率密度为

$$f(x,y)=\begin{cases}4.8y(2-x), & 0\leqslant x\leqslant 1,0\leqslant y\leqslant x,\\ 0, & \text{其他}.\end{cases}$$

求边缘概率密度$f_X(x)$，$f_Y(y)$.

解 $$f_X(x)=\int_{-\infty}^{+\infty}f(x,y)\mathrm{d}y=\begin{cases}\int_0^x 4.8y(2-x)\mathrm{d}y, & 0\leqslant x\leqslant 1\\ 0, & \text{其他}\end{cases}$$

$$=\begin{cases}2.4x^2(2-x), & 0\leqslant x\leqslant 1,\\ 0, & \text{其他}.\end{cases}$$

$$f_Y(y)=\int_{-\infty}^{+\infty}f(x,y)\mathrm{d}x=\begin{cases}\int_y^1 4.8y(2-x)\mathrm{d}x, & 0\leqslant y\leqslant 1\\ 0, & \text{其他}\end{cases}$$

$$=\begin{cases}2.4y(3-4y+y^2), & 0\leqslant y\leqslant 1,\\ 0, & \text{其他}.\end{cases}$$

【例 3】 设二维随机变量(X,Y)在圆域$x^2+y^2\leqslant 1$上服从均匀分布，求(X,Y)关于X和关于Y的边缘概率密度.

解 由假设知，(X,Y)的概率密度为

$$f(x,y)=\begin{cases}\dfrac{1}{\pi}, & x^2+y^2\leqslant 1,\\ 0, & \text{其他}.\end{cases}$$

(X,Y)关于X的边缘概率密度为

$$f_X(x)=\int_{-\infty}^{+\infty}f(x,y)\mathrm{d}y=\begin{cases}\int_{-\sqrt{1-x^2}}^{\sqrt{1-x^2}}\dfrac{1}{\pi}\mathrm{d}y, & |x|<1,\\ 0, & |x|\geqslant 1.\end{cases}$$

$$=\begin{cases}\dfrac{2}{\pi}\sqrt{1-x^2}, & |x|<1,\\ 0, & |x|\geqslant 1.\end{cases}$$

同理

$$f_Y(y)=\begin{cases}\dfrac{2}{\pi}\sqrt{1-y^2}, & |y|<1,\\ 0, & |y|\geqslant 1.\end{cases}$$

显然,尽管(X,Y)在圆域上服从均匀分布,但 X 和 Y 都不服从均匀分布.

【例 4】 求二维正态分布随机变量(X,Y)关于 X 和关于 Y 的边缘概率密度.

解 (X,Y)的概率密度为

$$f(x,y)=\frac{1}{2\pi\sigma_1\sigma_2\sqrt{1-\rho^2}}e^{-\frac{1}{2(1-\rho^2)}\left[\frac{(x-\mu_1)^2}{\sigma_1^2}-2\rho\frac{(x-\mu_1)(y-\mu_2)}{\sigma_1\sigma_2}+\frac{(y-\mu_2)^2}{\sigma_2^2}\right]},$$

其中 $\mu_1,\mu_2,\sigma_1,\sigma_2,\rho$ 都是常数,$\sigma_1>0,\sigma_2>0,|\rho|<1,x,y$ 是任意实数. 由于

$$\frac{(y-\mu_2)^2}{\sigma_2^2}-2\rho\frac{(x-\mu_1)(y-\mu_2)}{\sigma_1\sigma_2}=\left(\frac{y-\mu_2}{\sigma_2}-\rho\frac{x-\mu_1}{\sigma_1}\right)^2-\rho^2\frac{(x-\mu_1)^2}{\sigma_1^2}$$

于是

$$f_X(x)=\int_{-\infty}^{+\infty}f(x,y)\mathrm{d}y=\frac{1}{2\pi\sigma_1\sigma_2\sqrt{1-\rho^2}}e^{-\frac{(x-\mu_1)^2}{2\sigma_1^2}}\int_{-\infty}^{+\infty}e^{-\frac{1}{2(1-\rho^2)}\left(\frac{y-\mu_2}{\sigma_2}-\rho\frac{x-\mu_1}{\sigma_1}\right)^2}\mathrm{d}y.$$

令 $t=\dfrac{1}{\sqrt{1-\rho^2}}\left(\dfrac{y-\mu_2}{\sigma_2}-\rho\dfrac{x-\mu_1}{\sigma_1}\right)$,则有

$$\begin{aligned}f_X(x)&=\frac{1}{2\pi\sigma_1}e^{-\frac{(x-\mu_1)^2}{2\sigma_1^2}}\int_{-\infty}^{+\infty}e^{-\frac{t^2}{2}}\mathrm{d}t\\&=\frac{1}{\sqrt{2\pi}\sigma_1}e^{-\frac{(x-\mu_1)^2}{2\sigma_1^2}}\frac{1}{\sqrt{2\pi}}\int_{-\infty}^{+\infty}e^{-\frac{t^2}{2}}\mathrm{d}t\\&=\frac{1}{\sqrt{2\pi}\sigma_1}e^{-\frac{(x-\mu_1)^2}{2\sigma_1^2}}\quad(-\infty<x<+\infty),\end{aligned}$$

即 X 服从正态分布 $N(\mu_1,\sigma_1^2)$.

同理可得

$$f_Y(y)=\frac{1}{\sqrt{2\pi}\sigma_2}e^{-\frac{(y-\mu_2)^2}{2\sigma_2^2}}\quad(-\infty<y<+\infty),$$

即 Y 服从正态分布 $N(\mu_2,\sigma_2^2)$.

因此,二维正态分布的边缘分布仍是正态分布,这是一个重要的结论. 但由于两个边缘分布都不依赖于参数 ρ,所以由边缘分布一般还不能确定随机变量(X,Y)的分布.

3.3.4 二维连续型随机变量的独立性

定义 2 对于二维连续型随机变量(X,Y),若其概率密度等于两个边缘概率密度的乘积,即

$$f(x,y)=f_X(x)f_Y(y),\quad (x,y)\in\mathbb{R}^2,$$

则称随机变量 X 和 Y **相互独立**.

同样也有：设 $F(x,y)$ 及 $F_X(x)$，$F_Y(y)$ 分别是二维随机变量 (X,Y) 的分布函数及边缘分布函数，若对所有的 $(x,y)\in\mathbb{R}^2$ 有

$$F(x,y)=F_X(x)F_Y(y),$$

则称随机变量 X 和 Y **相互独立**.

【例 5】 判断本节例 2 中 X 和 Y 的相互独立性.

解 在例 2 中 (X,Y) 的概率密度为

$$f(x,y)=\begin{cases}4.8y(2-x), & 0\leqslant x\leqslant 1,0\leqslant y\leqslant x,\\ 0, & \text{其他}.\end{cases}$$

X 和 Y 的边缘概率密度分别为

$$f_X(x)=\begin{cases}2.4x^2(2-x), & 0\leqslant x\leqslant 1,\\ 0, & \text{其他},\end{cases}\qquad f_Y(y)=\begin{cases}2.4y(3-4y+y^2), & 0\leqslant y\leqslant 1,\\ 0, & \text{其他}.\end{cases}$$

当 $0\leqslant x\leqslant 1,0\leqslant y\leqslant x$ 时，有 $f(x,y)\neq f_X(x)f_Y(y)$，所以 X 和 Y 不相互独立.

【例 6】 设 $(X,Y)\sim N(\mu_1,\sigma_1^2;\ \mu_2,\sigma_2^2;\ \rho)$，则 X 和 Y 相互独立的充要条件是 $\rho=0$.

证明 先证充分性. 若 $\rho=0$，则 (X,Y) 的概率密度为

$$\begin{aligned}f(x,y)&=\frac{1}{2\pi\sigma_1\sigma_2}\mathrm{e}^{-\frac{1}{2}\left[\frac{(x-\mu_1)^2}{\sigma_1^2}+\frac{(y-\mu_2)^2}{\sigma_2^2}\right]}=\frac{1}{\sqrt{2\pi}\sigma_1}\mathrm{e}^{-\frac{(x-\mu_1)^2}{2\sigma_1^2}}\ \frac{1}{\sqrt{2\pi}\sigma_2}\mathrm{e}^{-\frac{(y-\mu_2)^2}{2\sigma_2^2}}\\&=f_X(x)f_Y(y)\quad(-\infty<x,y<+\infty),\end{aligned}$$

这说明 X 和 Y 相互独立.

下面证明必要性. 若 X 和 Y 相互独立，则对任意实数 x,y，有

$$f(x,y)=f_X(x)f_Y(y).$$

取 $x=\mu_1,y=\mu_2$ 时，有

$$f(\mu_1,\mu_2)=f_X(\mu_1)f_Y(\mu_2),\quad 即\quad \frac{1}{2\pi\sigma_1\sigma_2\sqrt{1-\rho^2}}=\frac{1}{2\pi\sigma_1\sigma_2}.$$

由 $\sigma_1>0,\sigma_2>0$，可得 $\sqrt{1-\rho^2}=1$，所以 $\rho=0$.

以上关于二维连续型随机变量的一些概念，容易推广到 n 维随机变量的情况.

对于 n 维随机变量 $(X_1,X_2,\cdots,X_n)$ 的分布函数 $F(x_1,x_2,\cdots,x_n)$，若存在非负函数 $f(x_1,x_2,\cdots,x_n)$，使得对于任意实数 $x_1,x_2,\cdots,x_n$ 有

$$F(x_1,x_2,\cdots,x_n)=\int_{-\infty}^{x_n}\int_{-\infty}^{x_{n-1}}\cdots\int_{-\infty}^{x_1}f(x_1,x_2,\cdots,x_n)\mathrm{d}x_1\mathrm{d}x_2\cdots\mathrm{d}x_n,$$

则称 $f(x_1,x_2,\cdots,x_n)$ 为 $(X_1,X_2,\cdots,X_n)$ 的**概率密度**.

n 维随机变量 $(X_1,X_2,\cdots,X_n)$ 关于随机变量 X_1，(X_1,X_2) 的边缘概率密度可分别表

示为

$$f_{X_1}(x_1)=\int_{-\infty}^{+\infty}\int_{-\infty}^{+\infty}\cdots\int_{-\infty}^{+\infty}f(x_1,x_2,\cdots,x_n)\mathrm{d}x_2\mathrm{d}x_3\cdots\mathrm{d}x_n,$$

$$f_{X_1,X_2}(x_1,x_2)=\int_{-\infty}^{+\infty}\int_{-\infty}^{+\infty}\cdots\int_{-\infty}^{+\infty}f(x_1,x_2,\cdots,x_n)\mathrm{d}x_3\mathrm{d}x_4\cdots\mathrm{d}x_n.$$

若对所有的 $x_1,x_2,\cdots,x_n$ 有

$$F(x_1,x_2,\cdots,x_n)=F_{X_1}(x_1)F_{X_2}(x_2)\cdots F_{X_n}(x_n),$$

则称 $X_1,X_2,\cdots,X_n$ 是相互独立的.

习题 3.3

1. 设二维随机变量(X,Y)的概率密度为

$$f(x,y)=\begin{cases}4xy, & 0<x<1,0<y<1,\\ 0, & \text{其他}.\end{cases}$$

试求:

(1) $P(0<X<0.5,0.25<Y<1)$;(2) $P(X=Y)$;(3) $P(X<Y)$;(4) (X,Y)的分布函数.

2. 设二维随机变量(X,Y)的概率密度为

$$f(x,y)=\begin{cases}cx^2y, & x^2\leqslant y\leqslant 1,\\ 0, & \text{其他}.\end{cases}$$

(1) 试确定常数 c;(2) 求 X 与 Y 边缘概率密度;(3) 判断 X,Y 是否相互独立?

3. 设(X,Y)的概率密度为

$$f(x,y)=\begin{cases}A\mathrm{e}^{-y}, & 0<x<y,\\ 0, & \text{其他}.\end{cases}$$

(1) 试确定常数 A;(2) 求 X 与 Y 边缘概率密度;(3) 判断 X,Y 是否相互独立?

4. 设二维随机变量(X,Y)的概率密度为

$$f(x,y)=\begin{cases}x^2+\dfrac{1}{3}xy, & 0\leqslant x\leqslant 1,0\leqslant y\leqslant 2,\\ 0, & \text{其他}.\end{cases}$$

(1) 分别求(X,Y)关于 X 和关于 Y 的边缘密度函数,并判断 X 和 Y 是否相互独立?

(2) 求 $P(X+Y\geqslant 1)$.

5. 设 X 和 Y 是两个相互独立的随机变量,X 在$(0,1)$上服从均匀分布,Y 的概率密度为

$$f_Y(y)=\begin{cases}\dfrac{1}{2}e^{-y/2}, & y>0,\\ 0, & y\leqslant 0.\end{cases}$$

(1) 求 X 和 Y 的联合概率密度；

(2) 设含有 a 的二次方程为 $a^2+2Xa+Y=0$,试求 a 有实根的概率.

6. 已知二维随机变量(X,Y)的概率密度为

$$f(x,y)=\begin{cases}A\arctan\dfrac{y}{x}, & (x,y)\in D,\\ 0, & \text{其他},\end{cases}\quad \text{其中 } D=\{(x,y)\mid x^2+y^2\leqslant 4,0<y\leqslant x\}.$$

求：(1)常数 A；(2)边缘概率密度 $f_X(x)$.

7. 设二维连续型随机变量(X,Y)的概率密度为

$$f(x,y)=\begin{cases}k, & |x|\leqslant y,0\leqslant y\leqslant 1\\ 0, & \text{其他}\end{cases}$$

(1)求常数 k；(2)求边缘概率密度 $f_X(x)$，$f_Y(y)$；(3)判断 X 和 Y 的相互独立性.

3.4 多维随机变量函数的分布

第 2 章我们分离散型和连续型研究了一维随机变量函数的分布. 本节我们类似地研究多维随机变量函数的分布.

3.4.1 二维离散型随机变量函数的分布

二维离散型随机变量的函数仍是离散型随机变量,计算其分布律要找出它所有可能的取值及取每个值的概率.

【例 1】 已知(X,Y)的分布律为

X \ Y	1	2	3
1	$\frac{1}{4}$	$\frac{1}{4}$	0
2	$\frac{1}{8}$	$\frac{1}{8}$	0
3	$\frac{1}{12}$	$\frac{1}{12}$	$\frac{1}{12}$

求 $Z=X+Y$ 和 $Z=XY$ 的分布律.

解 先求 $Z=X+Y$ 的分布律

将 X,Y 的取值代入 $Z=X+Y$ 得

Z	2	3	4	3	4	5	4	5	6
p_k	$\frac{1}{4}$	$\frac{1}{4}$	0	$\frac{1}{8}$	$\frac{1}{8}$	0	$\frac{1}{12}$	$\frac{1}{12}$	$\frac{1}{12}$

再对相等的值合并,得 Z 的分布律为

Z	2	3	4	5	6
p_k	$\frac{1}{4}$	$\frac{3}{8}$	$\frac{5}{24}$	$\frac{1}{12}$	$\frac{1}{12}$

下面求 $Z=XY$ 的分布律.

将 X,Y 的取值代入 $Z=XY$ 得

Z	1	2	3	2	4	6	3	6	9
p_k	$\frac{1}{4}$	$\frac{1}{4}$	0	$\frac{1}{8}$	$\frac{1}{8}$	0	$\frac{1}{12}$	$\frac{1}{12}$	$\frac{1}{12}$

再对相等的值合并得,Z 的分布律为

Z	1	2	3	4	6	9
p_k	$\frac{1}{4}$	$\frac{3}{8}$	$\frac{1}{12}$	$\frac{1}{8}$	$\frac{1}{12}$	$\frac{1}{12}$

3.4.2 二维连续型随机变量函数的分布

二维连续型随机变量函数不一定是连续型随机变量. 这里我们主要讨论二维连续型随机变量函数仍为连续型随机变量的情形.

设(X,Y)是二维连续型随机变量,其概率密度为 $f(x,y)$,而 $g(x,y)$是一个二元函数,则 $Z=g(X,Y)$是(X,Y)的函数. 类似于求一维随机变量函数分布的方法,求 Z 的分

布. 先求 Z 的分布函数 $F_Z(z)$,则

$$F_Z(z)=P(Z\leqslant z)=P(g(X,Y)\leqslant z)=P((X,Y)\in D(z))=\iint\limits_{D(z)} f(x,y)\mathrm{d}x\mathrm{d}y,$$

其中,$D(z)=\{(x,y)\mid g(x,y)\leqslant z\}$.

再求 Z 的概率密度 $f_Z(z)=F'_Z(z)$.

我们只就下面几个具体的函数来讨论.

1. 和的分布

【例 2】 设(X,Y)是二维连续型随机变量,其概率密度为 $f(x,y)$,求 $Z=X+Y$ 的概率密度.

解 Z 的分布函数,如图 3-3 所示,有

$$\begin{aligned}F_Z(z)&=P(Z\leqslant z)=P(X+Y\leqslant z)=\iint\limits_{x+y\leqslant z} f(x,y)\mathrm{d}x\mathrm{d}y\\&=\int_{-\infty}^{+\infty}\mathrm{d}x\int_{-\infty}^{z-x}f(x,y)\mathrm{d}y\xlongequal{y=t-x}\int_{-\infty}^{+\infty}\mathrm{d}x\int_{-\infty}^{z}f(x,t-x)\mathrm{d}t\\&=\int_{-\infty}^{z}\mathrm{d}t\int_{-\infty}^{+\infty}f(x,t-x)\mathrm{d}x.\end{aligned}$$

故 Z 的概率密度为

$$f_Z(z)=F'_Z(z)=\int_{-\infty}^{+\infty}f(x,z-x)\mathrm{d}x. \tag{3.1}$$

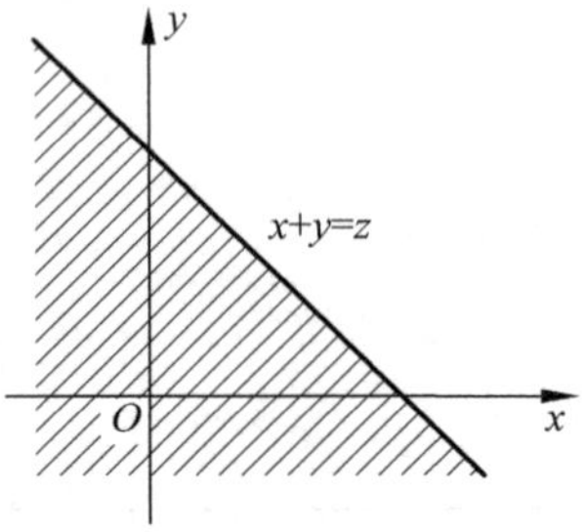

图 3-3

由对称性可得

$$f_Z(z)=\int_{-\infty}^{+\infty}f(z-y,y)\mathrm{d}y. \tag{3.2}$$

特别地,当 X 和 Y 相互独立时,设(X,Y)关于 X 和 Y 的边缘概率密度分别为 $f_X(x)$, $f_Y(y)$,则式(3.1)和式(3.2)可分别改写成

$$f_Z(z)=\int_{-\infty}^{+\infty}f_X(x)f_Y(z-x)\mathrm{d}x, \tag{3.3}$$

$$f_Z(z)=\int_{-\infty}^{+\infty}f_X(z-y)f_Y(y)\mathrm{d}y. \tag{3.4}$$

称式(3.3)和式(3.4)为**卷积公式**(convolution formula).

【例 3】 设 X 与 Y 是两个相互独立的随机变量,它们都服从 $N(0,1)$ 分布,其概率密度为

$$f_X(x)=\frac{1}{\sqrt{2\pi}}e^{-\frac{x^2}{2}}(-\infty<x<+\infty),\quad f_Y(y)=\frac{1}{\sqrt{2\pi}}e^{-\frac{y^2}{2}}(-\infty<y<+\infty).$$

求 $Z=X+Y$ 的概率密度.

解 由式(3.3),得

$$\begin{aligned}f_Z(z)&=\int_{-\infty}^{+\infty}f_X(x)f_Y(z-x)\mathrm{d}x=\frac{1}{2\pi}\int_{-\infty}^{+\infty}e^{-\frac{x^2}{2}}e^{-\frac{(z-x)^2}{2}}\mathrm{d}x\\&=\frac{1}{2\pi}e^{-\frac{z^2}{4}}\int_{-\infty}^{+\infty}e^{-\left(x-\frac{z}{2}\right)^2}\mathrm{d}x.\end{aligned}$$

令 $t=x-\dfrac{z}{2}$,得

$$f_Z(z)=\frac{1}{2\pi}e^{-\frac{z^2}{4}}\int_{-\infty}^{+\infty}e^{-t^2}\mathrm{d}t=\frac{1}{2\pi}e^{-\frac{z^2}{4}}\sqrt{\pi}=\frac{1}{2\sqrt{\pi}}e^{-\frac{z^2}{4}},$$

即 Z 服从 $N(0,2)$ 分布.

一般地,设 X,Y 相互独立且 $X\sim N(\mu_1,\sigma_1^2)$,$Y\sim N(\mu_2,\sigma_2^2)$. 由式(3.3)计算知,$Z=X+Y$ 仍然服从正态分布,且有 $Z\sim N(\mu_1+\mu_2,\sigma_1^2+\sigma_2^2)$.

这个结论还可以推广到 n 个独立正态随机变量之和的情况,即若 $X_i\sim N(\mu_i,\sigma_i^2)(i=1,2,\cdots,n)$,且它们相互独立,则它们的和 $Z=X_1+X_2+\cdots+X_n$ 仍然服从正态分布,且有 $Z\sim N(\mu_1+\mu_2+\cdots+\mu_n,\sigma_1^2+\sigma_2^2+\cdots+\sigma_n^2)$.

更一般地,可以证明**有限个相互独立的正态随机变量的线性组合** $Z=a_1X_1+a_2X_2+\cdots+a_nX_n$ **仍然服从正态分布**,且有

$$Z\sim N(a_1\mu_1+a_2\mu_2+\cdots+a_n\mu_n,a_1^2\sigma_1^2+a_2^2\sigma_2^2+\cdots+a_n^2\sigma_n^2),$$

其中 $a_1,a_2,\cdots,a_n$ 是不全为零的常数.

【例 4】 设 X 和 Y 是两个相互独立的随机变量,其概率密度分别为

$$f_X(x)=\begin{cases}1, & 0\leqslant x\leqslant 1,\\0, & \text{其他},\end{cases}\qquad f_Y(x)=\begin{cases}e^{-y}, & y>0,\\0, & \text{其他}.\end{cases}$$

求随机变量 $Z=X+Y$ 的概率密度.

解 解法 1 利用式(3.4),对 y 积分有

$$f_Z(z)=\int_{-\infty}^{+\infty}f_X(z-y)f_Y(y)\mathrm{d}y.$$

按 f_X,f_Y 的定义知,仅当

$$\begin{cases}0\leqslant z-y\leqslant 1,\\y>0,\end{cases}\quad \text{即}\quad z-1\leqslant y\leqslant z,y>0$$

时，上述积分的被积函数才不等于0，如图3-4(a)知

$$f_Z(z)=\begin{cases}\int_0^z f_X(z-y)f_Y(y)\,\mathrm{d}y=\int_0^z 1\cdot \mathrm{e}^{-y}\,\mathrm{d}y, & 0<z<1,\\ \int_{z-1}^z f_X(z-y)f_Y(y)\,\mathrm{d}y=\int_{z-1}^z 1\cdot \mathrm{e}^{-y}\,\mathrm{d}y, & z\geqslant 1,\\ 0, & \text{其他},\end{cases}$$

即有

$$f_Z(z)=\begin{cases}1-\mathrm{e}^{-z}, & 0<z<1,\\ (\mathrm{e}-1)\mathrm{e}^{-z}, & z\geqslant 1,\\ 0, & \text{其他}.\end{cases}$$

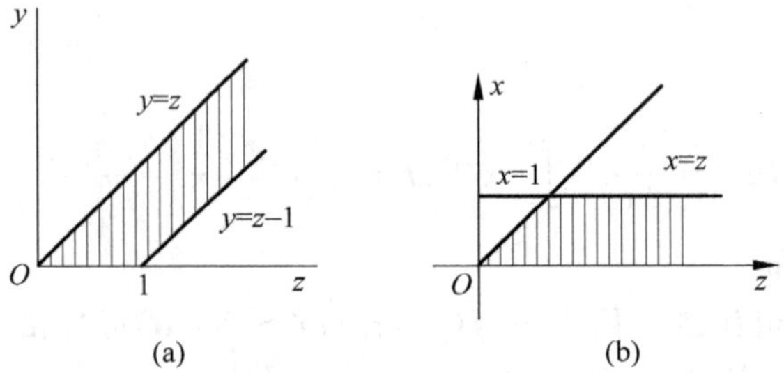

图 3-4

或者利用式(3.1)，对 x 积分有

$$f_Z(z)=\int_{-\infty}^{+\infty} f_X(x)f_Y(z-x)\,\mathrm{d}x.$$

由 f_X, f_Y 的定义知，仅当

$$\begin{cases}0\leqslant x\leqslant 1,\\ z-x>0,\end{cases}\quad \text{即}\quad \begin{cases}0\leqslant x\leqslant 1,\\ x<z\end{cases}$$

时，上述积分的被积函数才不等于零，如图3-4(b)知

$$f_Z(z)=\begin{cases}\int_0^z f_X(x)f_Y(z-x)\,\mathrm{d}x=\int_0^z \mathrm{e}^{-(z-x)}\,\mathrm{d}x, & 0<z<1,\\ \int_0^1 f_X(x)f_Y(z-x)\,\mathrm{d}x=\int_0^1 \mathrm{e}^{-(z-x)}\,\mathrm{d}x, & z\geqslant 1,\\ 0, & \text{其他},\end{cases}$$

即有

$$f_Z(z)=\begin{cases}1-\mathrm{e}^{-z}, & 0<z<1,\\ (\mathrm{e}-1)\mathrm{e}^{-z}, & z\geqslant 1,\\ 0, & \text{其他}.\end{cases}$$

解法 2 由已知，(X,Y)的概率密度为

$$f(x,y)=f_X(x)f_Y(y)=\begin{cases}e^{-y}, & 0\leqslant x\leqslant 1, y>0,\\ 0, & \text{其他}.\end{cases}$$

则 Z 的分布函数为

$$F_Z(z)=P(Z\leqslant z)=P(X+Y\leqslant z)=\iint\limits_{x+y\leqslant z} f(x,y)\mathrm{d}x\mathrm{d}y.$$

当 $z<0$ 时，$F_Z(z)=0$（参见图 3-5(a)）.

当 $0\leqslant z<1$ 时，$F_Z(z)=\int_0^z\left[\int_0^{z-x}e^{-y}\mathrm{d}y\right]\mathrm{d}x=e^{-z}+z-1$（参见图 3-5(b)）.

当 $z\geqslant 1$ 时，$F_Z(z)=\int_0^1\left[\int_0^{z-x}e^{-y}\mathrm{d}y\right]\mathrm{d}x=1+(1-e)e^{-z}$（参见图 3-5(c)）.

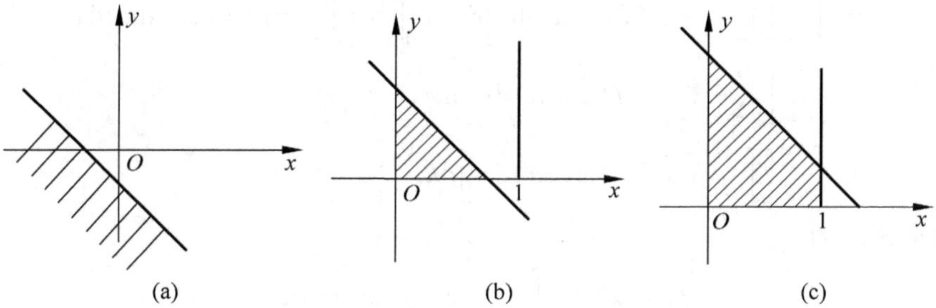

图 3-5

综上所述得 Z 的分布函数

$$F_Z(z)=\begin{cases}0, & z<0,\\ e^{-z}+z-1, & 0\leqslant z<1,\\ 1+(1-e)e^{-z}, & z\geqslant 1,\end{cases}$$

即 Z 的概率密度为

$$f_Z(z)=\begin{cases}1-e^{-z}, & 0<z<1,\\ (e-1)e^{-z}, & z\geqslant 1,\\ 0, & \text{其他}.\end{cases}$$

2. 商 $Z=\dfrac{Y}{X}$ 的分布与积 $Z=XY$ 的分布

(1) 商 $Z=\dfrac{Y}{X}$的分布

【例 5】 设(X,Y)是二维连续型随机变量，它具有概率密度 $f(x,y)$，求 $Z=\dfrac{Y}{X}$ 的概率密度.

解 (X,Y)是二维连续型随机变量，$Z=\dfrac{Y}{X}$仍为连续型随机变量，则 $Z=Y/X$ 的分布函数为(参见图 3-6)

$$
\begin{aligned}
F_{Y/X}(z) &= P(Y/X \leqslant z) = \iint_{G_1 \cup G_2} f(x,y)\mathrm{d}x\mathrm{d}y \\
&= \iint_{y/x \leqslant z, x<0} f(x,y)\mathrm{d}y\mathrm{d}x + \iint_{y/x \leqslant z, x>0} f(x,y)\mathrm{d}y\mathrm{d}x \\
&= \int_{-\infty}^{0}\left[\int_{zx}^{+\infty} f(x,y)\mathrm{d}y\right]\mathrm{d}x + \int_{0}^{+\infty}\left[\int_{-\infty}^{zx} f(x,y)\mathrm{d}y\right]\mathrm{d}x \\
&\xlongequal{\text{令 } y=xu} \int_{-\infty}^{0}\left[\int_{z}^{-\infty} xf(x,xu)\mathrm{d}u\right]\mathrm{d}x + \int_{0}^{+\infty}\left[\int_{-\infty}^{z} xf(x,xu)\mathrm{d}u\right]\mathrm{d}x \\
&= \int_{-\infty}^{0}\left[\int_{-\infty}^{z} -xf(x,xu)\mathrm{d}u\right]\mathrm{d}x + \int_{0}^{+\infty}\left[\int_{-\infty}^{z} xf(x,xu)\mathrm{d}u\right]\mathrm{d}x \\
&= \int_{-\infty}^{+\infty}\left[\int_{-\infty}^{z} |x| f(x,xu)\mathrm{d}u\right]\mathrm{d}x \\
&= \int_{-\infty}^{z}\left[\int_{-\infty}^{+\infty} |x| f(x,xu)\mathrm{d}x\right]\mathrm{d}u.
\end{aligned}
$$

故 Z 的概率密度为

$$
f_{Y/X}(z) = \int_{-\infty}^{+\infty} |x| f(x,xz)\mathrm{d}x. \tag{3.5}
$$

特别地，当 X 和 Y 相互独立时，设(X,Y)关于 X 和 Y 的边缘概率密度分别为 $f_X(x)$，$f_Y(y)$，则式(3.5)可改写成

$$
f_{Y/X}(z) = \int_{-\infty}^{\infty} |x| f_X(x) f_Y(xz)\mathrm{d}x.
$$

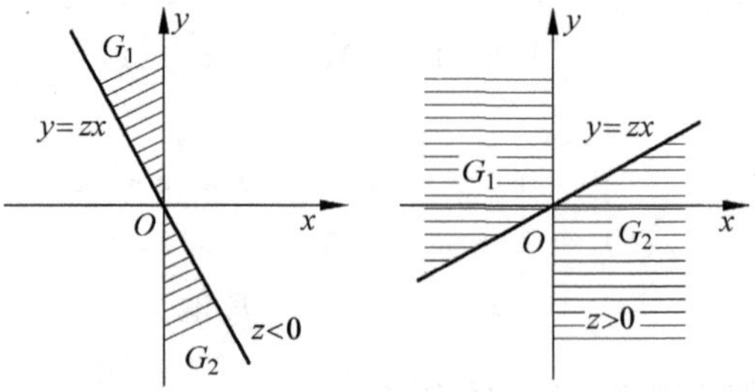

图 3-6

【例 6】 设 X,Y 分别表示两只不同型号的灯泡的寿命，X,Y 相互独立，它们的概率密度依次为

$$f(x)=\begin{cases}e^{-x}, & x>0,\\ 0, & \text{其他};\end{cases}\quad g(y)=\begin{cases}2e^{-2y}, & y>0,\\ 0, & \text{其他}.\end{cases}$$

求 $Z=\dfrac{Y}{X}$ 的概率密度函数.

解 当 $z>0$ 时, Z 的概率密度为

$$f_Z(z)=\int_0^{+\infty}xe^{-x}2e^{-2xz}\mathrm{d}x=\int_0^{+\infty}2xe^{-(1+2z)x}\mathrm{d}x=\frac{2}{(1+2z)^2};$$

当 $z\leqslant 0$ 时, $f_Z(z)=0$. 于是

$$f_Z(z)=\begin{cases}\dfrac{2}{(1+2z)^2}, & z>0,\\ 0, & z\leqslant 0.\end{cases}$$

(2) 积 $Z=XY$ 的分布

【例 7】 设 (X,Y) 是二维连续型随机变量,它具有概率密度 $f(x,y)$,求 $Z=XY$ 的概率密度.

解 (X,Y) 是二维连续型随机变量, $Z=XY$ 仍为连续型随机变量, 则 Z 的分布函数为

$$F_Z(z)=P(Z\leqslant z)=P(XY\leqslant z)=\iint\limits_{xy\leqslant z}f(x,y)\mathrm{d}x\mathrm{d}y.$$

积分区域为

$$\begin{cases}y<\dfrac{z}{x}, & x>0\\ y<\dfrac{z}{x}, & x<0\end{cases}$$

如图 3-7 所示的阴影部分,则

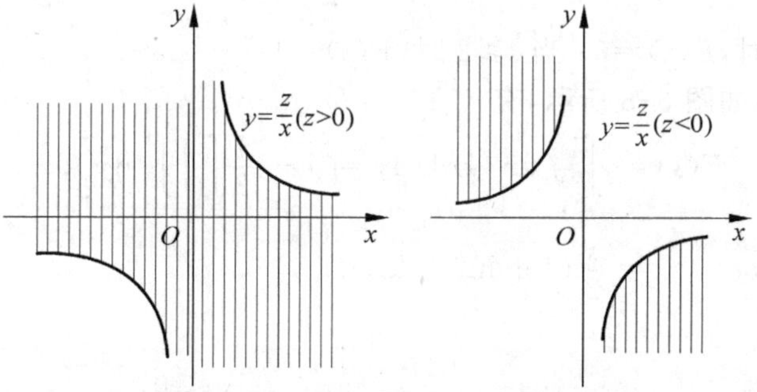

图 3-7

$$F_Z(z)=\int_{-\infty}^{0}\int_{\frac{z}{x}}^{+\infty}f(x,y)\mathrm{d}y\mathrm{d}x+\int_{0}^{+\infty}\int_{-\infty}^{\frac{z}{x}}f(x,y)\mathrm{d}y\mathrm{d}x.$$

固定 z,x，令 $y=\dfrac{u}{x}$，则

$$\begin{aligned}F_Z(z)&=\int_{-\infty}^{0}\int_{z}^{-\infty}\frac{1}{x}f\left(x,\frac{u}{x}\right)\mathrm{d}u\mathrm{d}x+\int_{0}^{+\infty}\int_{-\infty}^{z}\frac{1}{x}f\left(x,\frac{u}{x}\right)\mathrm{d}u\mathrm{d}x\\&=-\int_{-\infty}^{z}\left[\int_{-\infty}^{0}\frac{1}{x}f\left(x,\frac{u}{x}\right)\mathrm{d}x\right]\mathrm{d}u+\int_{-\infty}^{z}\left[\int_{0}^{+\infty}\frac{1}{x}f\left(x,\frac{u}{x}\right)\mathrm{d}x\right]\mathrm{d}u,\end{aligned}$$

故 Z 的概率密度为

$$f_Z(z)=\int_{0}^{+\infty}\frac{1}{x}f\left(x,\frac{z}{x}\right)\mathrm{d}x-\int_{-\infty}^{0}\frac{1}{x}f\left(x,\frac{z}{x}\right)\mathrm{d}x,$$

即

$$f_Z(z)=\int_{-\infty}^{+\infty}\frac{1}{|x|}f\left(x,\frac{z}{x}\right)\mathrm{d}x. \tag{3.6}$$

特别地，当 X 和 Y 相互独立时，设 (X,Y) 关于 X 和 Y 的边缘概率密度分别为 $f_X(x)$，$f_Y(y)$，则式(3.6)可改写成

$$f_{XY}(z)=\int_{-\infty}^{\infty}\frac{1}{|x|}f_X(x)f_Y\left(\frac{z}{x}\right)\mathrm{d}x.$$

【例 8】 设二维随机变量 (X,Y) 在矩形域 $G=\{(x,y)\mid 0\leqslant x\leqslant 2,0\leqslant y\leqslant 1\}$ 上服从均匀分布，试求边长为 X 和 Y 的矩形面积 S 的概率密度 $f(s)$.

解 由已知，(X,Y) 的概率密度为

$$f(x,y)=\begin{cases}\dfrac{1}{2}, & (x,y)\in G,\\ 0, & \text{其他}.\end{cases}$$

令 $F(s)$ 为 S 的分布函数，则

$$F(s)=P(S\leqslant s)=\iint\limits_{xy\leqslant s}f(x,y)\mathrm{d}x\mathrm{d}y.$$

显然，当 $s\leqslant 0$ 时，$F(s)=0$；当 $s\geqslant 2$ 时，$F(s)=1$.

当 $0<s<2$ 时，如图 3-8 所示，有

$$\begin{aligned}F(s)&=\iint\limits_{xy\leqslant s}f(x,y)\mathrm{d}x\mathrm{d}y=1-\frac{1}{2}\int_{s}^{2}\left[\int_{\frac{s}{x}}^{1}\mathrm{d}y\right]\mathrm{d}x\\&=\frac{s}{2}(1+\ln 2-\ln s).\end{aligned}$$

于是

$$F(s)=\begin{cases}0, & s\leqslant 0,\\ \dfrac{s}{2}(1+\ln 2-\ln s), & 0<s<2,\\ 1, & s\geqslant 2.\end{cases}$$

即 S 的概率密度为

$$f_Z(z)=\begin{cases}\frac{1}{2}(\ln 2-\ln s), & 0<s<2,\\ 0, & \text{其他}.\end{cases}$$

例 5 的解法 2 和例 8 给出连续型随机变量函数的分布的一般方法：第一步求分布函数；第二步求分布函数的导数.

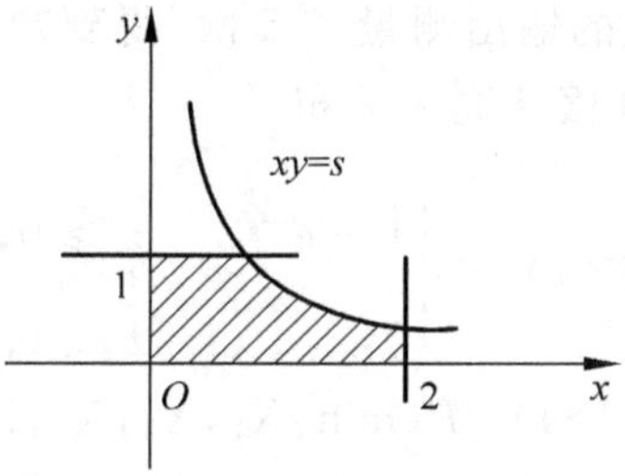

图 3-8

3. **最大值和最小值的分布**

【例 9】 设随机变量 X 和 Y 相互独立，它们的分布函数分别为 $F_X(x)$ 和 $F_Y(y)$，求随机变量 $Z_1=\max\{X,Y\}$ 和 $Z_2=\min\{X,Y\}$ 的分布.

解 (1) $Z_1=\max\{X,Y\}$ 的分布.

$$\begin{aligned}F_{Z_1}(z)&=P(Z_1\leqslant z)=P(\max\{X,Y\}\leqslant z)\\&=P(X\leqslant z,Y\leqslant z)=P(X\leqslant z)P(Y\leqslant z)=F_X(z)F_Y(z),\end{aligned}$$

即 $Z_1=\max\{X,Y\}$ 的分布函数为

$$F_{Z_1}(z)=F_X(z)F_Y(z).$$

(2) $Z_2=\min\{X,Y\}$ 的分布.

$$\begin{aligned}F_{Z_2}(z)&=P(Z_2\leqslant z)=P(\min\{X,Y\}\leqslant z)=1-P(\min\{X,Y\}>z)\\&=1-P(X>z,Y>z)=1-P(X>z)P(Y>z)\\&=1-[1-F_X(z)][1-F_Y(z)],\end{aligned}$$

即 $Z_2=\min\{X,Y\}$ 的分布函数为

$$F_{Z_2}(z)=1-[1-F_X(z)][1-F_Y(z)].$$

一般地，若 $X_1,X_2,\cdots,X_n$ 是 n 个相互独立的随机变量，其分布函数分别为 $F_{X_1}(x)$，$F_{X_2}(x)$，$\cdots$，$F_{X_n}(x)$，则：

(1) $Y=\max\{X_1,X_2,\cdots,X_n\}$ 的分布函数为

$$F_Y(y)=\prod_{i=1}^{n}F_{X_i}(y);$$

(2) $Z=\min\{X_1,X_2,\cdots,X_n\}$的分布函数为

$$F_Z(z)=1-\prod_{i=1}^{n}[1-F_{X_i}(z)].$$

特别地,若 $X_1,X_2,\cdots,X_n$ 独立同分布,分布函数记为 $F(x)$,则

$$F_Y(y)=[F(y)]^n, \tag{3.7}$$

$$F_Z(z)=1-[1-F(z)]^n. \tag{3.8}$$

【例 10】 对某种电子装置的输出测量了 5 次,得到观测值 X_1,X_2,X_3,X_4,X_5. 设它们是相互独立的随机变量,且都服从同一分布

$$F(x)=\begin{cases}1-e^{-\frac{x^2}{8}}, & x\geqslant 0,\\ 0, & x<0.\end{cases}$$

求 $P(\max\{X_1,X_2,X_3,X_4,X_5\}>4)$, $P(\min\{X_1,X_2,X_3,X_4,X_5\}<8)$.

解 令 $W=\max\{X_1,X_2,X_3,X_4,X_5\}$,$V=\min\{X_1,X_2,X_3,X_4,X_5\}$.

由于 X_1,X_2,X_3,X_4,X_5 相互独立,且都服从同一分布,由式(3.7),式(3.8)分别得

$$F_W(x)=[F(x)]^5=\begin{cases}(1-e^{-\frac{x^2}{8}})^5, & x\geqslant 0,\\ 0, & x<0,\end{cases}$$

$$F_V(x)=1-[1-F(x)]^5=\begin{cases}1-(e^{-\frac{x^2}{8}})^5, & x\geqslant 0,\\ 0, & x<0.\end{cases}$$

于是

$$P(W>4)=1-P(W\leqslant 4)=1-F_W(4)=1-(1-e^{-2})^5\approx 0.5167,$$

$$P(V<8)=F_V(8)=1-(e^{-8})^5=1-e^{-40}\approx 1.$$

习题 3.4

1. 设随机变量(X,Y)的分布律为

X \ Y	-1	1	2
-1	0.25	0.1	0.3
-2	0.15	0.15	0.05

求 $X+Y$,$X-Y$ 的分布律.

2. 设随机变量(X,Y)的分布律为

X \ Y	0	1
0	0.1	0.2
1	0.3	0.1
2	0.2	0.1

求：(1)$Z=X^2+Y^2$的分布律；(2)$V=\max\{X,Y\}$的分布律；(3)$U=\min\{X,Y\}$的分布律.

3. 设随机变量X和Y有如下的分布律：

X	0	1
p_i	$\frac{1}{3}$	$\frac{2}{3}$

Y	-1	0	1
p_i	$\frac{1}{3}$	$\frac{1}{3}$	$\frac{1}{3}$

且$P(X^2=Y^2)=1$. 求：(1)(X,Y)的分布律；(2)$Z=XY$的分布律.

4. 设某种型号的电子管的寿命(单位：h)近似地服从$N(160,20^2)$分布，随机地选取4只，求其中没有电子管寿命小于180h的概率.

5. 已知一台电子设备的寿命(单位：h)$T\sim Exp(0.001)$，现检查了100台这样的设备，求最短寿命小于10h的概率.

6. 设电子仪器由两个相互独立的电子装置L_1,L_2并联组成，设X和Y分别表示L_1,L_2的寿命，其概率密度分别为

$$f_X(x)=\begin{cases}\alpha e^{-\alpha x}, & x\geqslant 0,\\ 0, & \text{其他},\end{cases}\qquad f_Y(y)=\begin{cases}\beta e^{-\beta y}, & y\geqslant 0,\\ 0, & \text{其他},\end{cases}$$

其中$\alpha>0,\beta>0$，且$\alpha\neq\beta$，试求仪器寿命的分布函数及概率密度.

7. 设随机变量(X,Y)的概率密度为

$$f(x,y)=\begin{cases}\frac{1}{2}(x+y)e^{-(x+y)}, & x>0,y>0,\\ 0, & \text{其他}.\end{cases}$$

(1)判断X和Y是否相互独立？(2)求$Z=X+Y$的概率密度.

8. 设二维随机变量(X,Y)的概率密度为

$$f(x,y)=\begin{cases}6x, & 0\leqslant x\leqslant y\leqslant 1,\\ 0, & \text{其他}.\end{cases}$$

求随机变量$Z=X+Y$的概率密度.

9. 设X和Y相互独立，均服从$N(0,1)$分布，求$Z=Y/X$的密度函数$f_Z(z)$.

总复习题 3

1. 将两封信随机地投往编号为 1,2,3,4 的 4 个信箱，若用 X,Y 分别表示投入第 1,2 号信箱的信件数，试写出 (X,Y) 的分布律及关于 X,Y 的边缘分布律，并判断 X,Y 的相互独立性.

2. 设随机变量 X 与 Y 相互独立且均服从区间 $[0,8]$ 上的均匀分布，求 $P(\min\{X,Y\}\leqslant 6)$.

3. 已知 X 的分布律为 $P(X=-2)=P(X=-1)=P(X=1)=P(X=2)=\frac{1}{4}$，$Y=X^2$，求 (X,Y) 的分布律.

4. 设随机变量 X 与 Y 相互独立，且

$$P(X=1)=P(Y=1)=p,\quad P(X=0)=P(Y=0)=1-p>0.$$

令

$$Z=\begin{cases}1, & X+Y\text{ 为偶数},\\ 0, & X+Y\text{ 为奇数},\end{cases}$$

问 p 取什么值时，X 和 Z 相互独立？

5. 设 (X,Y) 的概率密度函数为

$$f(x,y)=\frac{A}{\pi^2(16+x^2)(25+y^2)},\quad -\infty<x<\infty,-\infty<y<\infty,$$

其中 A 是常数.

(1) 求常数 A；

(2) 求 (X,Y) 的分布函数；

(3) 计算 $P(0<X<4,0<Y<5)$.

6. 设二维连续型随机变量 (X,Y) 的概率密度为

$$f(x,y)=\frac{ay^2}{1+x^2},\quad -\infty<x<+\infty,\ |y|\leqslant 1(a>0).$$

求：

(1) 常数 a 的值；

(2) 关于 X 与关于 Y 的边缘概率密度；

(3) $P(|X|\leqslant 1,|Y|\leqslant 1)$.

7. 设 (X,Y) 在由 4 条直线：$y=0,y=x,y=1,y=3-x$ 围成的梯形区域 D 内服从二维均匀分布，求关于 X 与关于 Y 的边缘概率密度.

8. 设随机变量(X,Y)的概率密度为

$$f(x,y)=\begin{cases}kxye^{-(x^2+y^2)}, & x>0,y>0,\\ 0, & \text{其他}.\end{cases}$$

求：(1)常数 k 的值；(2)连缘概率密度 $f_X(x)$，$f_Y(y)$；(3)判断 X,Y 的相互独立性.

9. 设随机变量(X,Y)的概率密度为

$$f(x,y)=\begin{cases}x+y, & 0<x<1,0<y<1,\\ 0, & \text{其他}.\end{cases}$$

求边缘概率密度 $f_X(x)$，$f_Y(y)$及 $P(X+Y\leqslant 1)$.

10. 设随机变量(X,Y)的概率密度为

$$f(x,y)=\begin{cases}be^{-(x+y)}, & 0<x<1,0<y<+\infty,\\ 0, & \text{其他}.\end{cases}$$

(1) 试确定常数 b；

(2) 求边缘概率密度 $f_X(x)$，$f_Y(y)$；

(3) 求函数 $U=\max\{X,Y\}$的分布函数.

11. 设随机变量(X,Y)的概率密度为

$$f(x,y)=\begin{cases}3x, & 0<x<1,0<y<x,\\ 0, & \text{其他}.\end{cases}$$

求：(1)$Z=X+Y$ 的概率密度；(2)$Z=X-Y$ 的概率密度.

12. 某保险公司提供一种地震保险，保险费 Y 的概率密度为

$$f(y)=\begin{cases}\frac{y}{25}e^{-\frac{y}{5}}, & y>0,\\ 0, & \text{其他}.\end{cases}$$

保险赔付 X 的概率密度为

$$g(x)=\begin{cases}\frac{1}{5}e^{-\frac{x}{5}}, & x>0,\\ 0, & \text{其他}.\end{cases}$$

设 X,Y 相互独立，求 $Z=\dfrac{Y}{X}$的概率密度.

13. 设 X,Y 相互独立，它们都服从正态分布 $N(0,\sigma^2)$，试证随机变量 $Z=X^2+Y^2$ 的概率密度为

$$f_Z(z)=\begin{cases}\frac{z}{\sigma^2}e^{-\frac{z^2}{2\sigma^2}}, & z\geqslant 0\\ 0, & \text{其他}\end{cases}$$

我们称 Z 服从参数为$\sigma(\sigma>0)$的瑞利(Rayleigh)分布.

14. 某种商品一周的需求量是一个随机变量,其概率密度为

$$f(t)=\begin{cases} t\mathrm{e}^{-t}, & t>0, \\ 0, & t\leqslant 0. \end{cases}$$

设各周的需要量是相互独立的.求:(1)两周需要量的概率密度;(2)三周需要量的概率密度.

第4章

CHAPTER 4

随机变量的数字特征

概率分布能够完整地描述随机试验中随机变量的统计规律性.但在许多实际问题中,求随机变量的概率分布是很困难的,往往也并不需要去全面考察随机变量的变化情况,而只需知道能表征其特性的某些数字特征即可.例如在评定某地区的粮食产量水平时,经常估算一下该地区的粮食平均产量,用粮食平均产量这一指标衡量该地区的粮食产量水平的高低;在评定一射手的射击水平时,不仅要考虑该射手命中环数的平均值,还要考虑该射手的命中点是比较分散,还是比较集中;在评价一批棉花的质量时,既要考察棉花纤维的平均长度,又要考察纤维长度与平均长度的偏离程度,平均长度长,偏离程度小,棉花质量就好,等等.

研究上述问题发现,随机变量的平均值和偏离平均值的程度,是描述随机变量性质的重要指标,我们分别称之为随机变量的数学期望和方差.本章将分别讨论随机变量的这些数字特征:数学期望、方差、协方差、相关系数等.

4.1 随机变量的数学期望

4.1.1 离散型随机变量的数学期望

期望是随机变量的一个重要的数字特征,它的定义来自习惯上的平均的概念,所以又称均值.

1. 离散型随机变量的数学期望

我们先看一个例子:一射手进行射击训练,已知在100次射击中命中的环数与次数记录如下:

环数	10	9	8	7
频数	40	30	20	10
频率	0.4	0.3	0.2	0.1

则该射手平均射中的环数为

$$\frac{10\times 40+9\times 30+8\times 20+7\times 10}{100} \tag{4.1}$$

$$=10\times 0.4+9\times 0.3+8\times 0.2+7\times 0.1 \tag{4.2}$$

$$=9(\text{环})$$

大家很容易理解式(4.1)用的是加权求平均值的方法. 在式(4.2)中将频率替换成概率,则其所求平均值就应是:随机变量的取值与其对应概率乘积的和. 于是有如下数学期望的概念.

定义 1 设离散型随机变量 X 的分布律为 $P(X=x_k)=p_k(k=1,2,\cdots)$,如果级数 $\sum_{k=1}^{\infty}x_kp_k$ 绝对收敛$\left(\text{即}\sum_{k=1}^{\infty}|x_k|p_k\text{ 收敛}\right)$,则称这个级数的和为 X 的**数学期望**(mathematical expectation)或**均值**,记为 $E(X)$. 即

$$E(X)=\sum_{k=1}^{\infty}x_kp_k.$$

【例 1】 甲乙两台机床生产同一种零件,在一天内生产的次品数分别记为 X,Y,已知 X,Y 的分布律分别为

X	0	1	2	3
p_k	0.4	0.3	0.2	0.1

Y	0	1	2	3
p_k	0.4	0.5	0.1	0

如果两台机床的产量相等,问哪台机床生产的零件质量较好?

解 我们来计算 X,Y 的数学期望,得

$$E(X)=0\times 0.4+1\times 0.3+2\times 0.2+3\times 0.1=1,$$

$$E(Y)=0\times 0.4+1\times 0.5+2\times 0.1+3\times 0=0.7.$$

这意味着,如果两台机床的产量相等,甲机床生产的平均次品数为1,而乙机床为0.7,很明显乙机床生产的零件质量较好.

【例 2】 按规定,某客车站每天8:00~9:00,9:00~10:00都恰有一辆客车到站,但到站的时刻是随机的,且两者到站的时间是相互独立的,其规律为

到站时刻	8:10 9:10	8:30 9:30	8:50 9:50
p_k	0.2	0.4	0.4

一乘客 8：20 到车站，求他候车时间的数学期望.

解 设乘客的候车时间为 X（单位：min）. 若乘客 8：20 到车站，如果 8：00～9：00 的车正好在 8：30 到，则乘客等车需 10min，发生的概率为 0.4；如果 8：00～9：00 的车已经在 8：10 开走，而 9：00～10：00 的车在 9：30 到的话，则乘客需等车 70min，其发生的概率为事件 A=“第一辆车 8：10 开走”和事件 B=“第二辆车 9：30 到”同时发生的概率，即 $P(AB)=P(A)P(B)=0.2\times0.4=0.08$. 同理可得其他情形的概率. 于是乘客的候车时间 X 的分布律为

X	10	30	50	70	90
p_k	0.4	0.4	0.04	0.08	0.08

该乘客的候车时间 X 的数学期望为

$$\begin{aligned}E(X)&=10\times0.4+30\times0.4+50\times0.04+70\times0.08+90\times0.08\\&=30.8(\text{min}).\end{aligned}$$

2. 几种常见离散型随机变量的数学期望

(1) 0-1 分布

设 X 服从 0-1 分布，即 $P(X=0)=1-p, P(X=1)=p$，则

$$E(X)=0\times(1-p)+1\times p=p.$$

(2) 二项分布

设 X 服从参数为 n 和 p 的二项分布，即 $X\sim B(n,p)$，其分布律为

$$P(X=k)=C_n^k p^k q^{n-k},\quad 0<p<1, p+q=1, k=0,1,2,\cdots,n.$$

则

$$\begin{aligned}E(X)&=\sum_{k=0}^{n}kC_n^kp^kq^{n-k}=\sum_{k=0}^{n}k\cdot\frac{n!}{k!(n-k)!}p^kq^{n-k}=\sum_{k=1}^{n}\frac{np(n-1)!}{(k-1)!(n-k)!}p^{k-1}q^{n-k}\\&=np\sum_{k=1}^{n}C_{n-1}^{k-1}p^{k-1}q^{(n-1)-(k-1)}=np\,(p+q)^{n-1}=np.\end{aligned}$$

(3) 泊松分布

设 X 服从参数为 λ 的泊松分布，即 $X\sim P(\lambda)$，其分布律为

$$P(X=k)=\frac{\lambda^k}{k!}e^{-\lambda},\quad k=0,1,2,\cdots;\ \lambda>0,$$

则

$$E(X)=\sum_{k=0}^{\infty}k\frac{\lambda^ke^{-\lambda}}{k!}=\sum_{k=1}^{\infty}\frac{\lambda^ke^{-\lambda}}{(k-1)!}=\lambda e^{-\lambda}\sum_{k=1}^{\infty}\frac{\lambda^{k-1}}{(k-1)!}=\lambda e^{-\lambda}\cdot e^{\lambda}=\lambda.$$

4.1.2 连续型随机变量的数学期望

连续型随机变量数学期望的定义和含义，完全类似于离散型随机变量，只要将离散型随机变量期望 $E(X)=\sum_{k=1}^{\infty}x_kp_k$ 中的 x_k 改为 x，p_k 改为概率密度 $f(x)$，再将求和改为求积分即可.

定义 2 设连续型随机变量 X 的概率密度为 $f(x)$，如果积分 $\int_{-\infty}^{+\infty}xf(x)\mathrm{d}x$ 绝对收敛 $\left(即\int_{-\infty}^{+\infty}|x|f(x)\mathrm{d}x 收敛\right)$，则称这个积分值为 X 的**数学期望**或**均值**，记为 $E(X)$. 即

$$E(X)=\int_{-\infty}^{+\infty}xf(x)\mathrm{d}x.$$

下面给出几种常见连续型随机变量的数学期望.

(1) 均匀分布

设随机变量 X 服从 (a,b) 上的均匀分布，即 $X\sim U(a,b)$，其概率密度为

$$f(x)=\begin{cases}\dfrac{1}{b-a}, & x\in(a,b),\\ 0, & 其他,\end{cases}$$

从而

$$E(X)=\int_{-\infty}^{+\infty}xf(x)\mathrm{d}x=\int_a^b x\frac{1}{b-a}\mathrm{d}x=\frac{a+b}{2}.$$

即均值 $E(X)$ 恰为区间 (a,b) 的中点.

(2) 指数分布

设随机变量 X 服从参数为 λ 的指数分布，则 X 的概率密度为

$$f(x)=\begin{cases}\lambda\mathrm{e}^{-\lambda x}, & x>0,\\ 0, & 其他,\end{cases}\quad \lambda>0,$$

从而

$$\begin{aligned}E(X)&=\int_{-\infty}^{+\infty}xf(x)\mathrm{d}x=\int_0^{+\infty}x\lambda\mathrm{e}^{-\lambda x}\mathrm{d}x=x(-\mathrm{e}^{-\lambda x})\Big|_0^{+\infty}+\int_0^{+\infty}\mathrm{e}^{-\lambda x}\mathrm{d}x\\&=0+\int_0^{+\infty}\mathrm{e}^{-\lambda x}\mathrm{d}x=-\frac{\mathrm{e}^{-\lambda x}}{\lambda}\Big|_0^{+\infty}=\frac{1}{\lambda}.\end{aligned}$$

(3) 正态分布

设连续型随机变量 X 服从正态分布，即 $X\sim N(\mu,\sigma^2)$，其中 $\mu,\sigma(\sigma>0)$ 为常数. X 的概率密度为

$$f(x)=\frac{1}{\sqrt{2\pi}\sigma}e^{-\frac{(x-\mu)^2}{2\sigma^2}},\quad -\infty<x<+\infty,$$

于是

$$E(X)=\int_{-\infty}^{+\infty}xf(x)dx=\int_{-\infty}^{+\infty}x\frac{1}{\sqrt{2\pi}\sigma}e^{-\frac{(x-\mu)^2}{2\sigma^2}}dx.$$

设 $t=\frac{x-\mu}{\sigma}$，则 $x=\sigma t+\mu$，$dx=\sigma dt$，从而

$$E(X)=\frac{1}{\sqrt{2\pi}}\int_{-\infty}^{+\infty}(\sigma t+\mu)e^{-\frac{t^2}{2}}dt=\mu\frac{1}{\sqrt{2\pi}}\int_{-\infty}^{+\infty}e^{-\frac{t^2}{2}}dt=\mu\left(因为\int_{-\infty}^{+\infty}e^{-\frac{t^2}{2}}dt=\sqrt{2\pi}\right).$$

【例 3】 设某型号电子管的寿命 X 服从指数分布，其平均寿命为 1000h，试计算 $P(1000\leqslant X\leqslant 1200)$.

解 $E(X)=\frac{1}{\lambda}=1000$，$\lambda=\frac{1}{1000}$，$X$ 的概率密度为

$$f(x)=\begin{cases}\frac{1}{1000}e^{-\frac{1}{1000}x}, & x>0,\\ 0, & 其他,\end{cases}$$

$$P(1000<X<1200)=\int_{1000}^{1200}f(x)dx=\int_{1000}^{1200}\frac{1}{1000}e^{-\frac{1}{1000}x}dx\approx e^{-1}-e^{-1.2}=0.667.$$

【例 4】 若连续型随机变量 X 的概率密度为 $f(x)=\frac{1}{\pi(1+x^2)}(-\infty<x<+\infty)$，称 X 服从**柯西分布**，试判断随机变量 X 的数学期望 $E(X)$ 的存在性.

解

$$\begin{aligned}\int_{-\infty}^{+\infty}|x|f(x)dx&=\int_{-\infty}^{+\infty}|x|\frac{1}{\pi(1+x^2)}dx\\&=\frac{2}{\pi}\int_0^{+\infty}x\frac{1}{1+x^2}dx=\frac{1}{\pi}\ln(1+x^2)\Big|_0^{+\infty}=+\infty,\end{aligned}$$

即 $\int_{-\infty}^{+\infty}xf(x)dx$ 不绝对收敛，所以 $E(X)$ 不存在.

注 无论是离散型还是连续型随机变量，定义中绝对收敛条件不可去，即并非所有的随机变量都有数学期望.

习题 4.1

1. 从 4 名男生和 2 名女生中，任选 3 人参加演讲比赛. 设随机变量 X 表示所选 3 人中的女生人数，求 $E(X)$.

2. 某人的一串钥匙上有 n 把钥匙，其中只有一把能打开自己的家门，他随意地试用这串钥匙中的某一把去开门. 若每把钥匙试开一次后除去，求打开门时试开次数的数学

期望.

3. 设随机变量 X 取非负整数,其分布律为 $P(X=k)=\dfrac{ab^k}{k!}$. 已知 $E(X)=2$,求常数 a 和 b.

4. 设随机变量 X 的分布律为

$$P\left(X=(-1)^k\frac{2^k}{k}\right)=\frac{1}{2^k},\quad k=1,2,3,\cdots.$$

证明 $E(X)$ 不存在.

5. 同时掷两颗骰子,出现的最大点数为一个随机变量. 求这个随机变量的分布律并计算它的数学期望.

6. 设随机变量 X 的概率密度为

$$f(x)=\begin{cases}1+x, & -1\leqslant x\leqslant 0,\\ 1-x, & 0<x\leqslant 1,\\ 0, & \text{其他},\end{cases}$$

试求 X 的数学期望.

7. 设连续型随机变量 X 的概率密度为

$$f(x)=\begin{cases}kx^a, & 0<x<1,\\ 0, & \text{其他},\end{cases}$$

其中 $k,a>0$. 又已知 $E(X)=0.75$,求 k,a 的值.

8. 假设一部机器在一天内发生故障的概率为 0.2,发生故障则全天停业. 假如一周 5 个工作日里无故障,可获利润 10 万元,发生 1 次故障仍可获利 5 万元,发生 2 次故障所获利润为 0 万元,发生 3 次或 3 次以上故障就要损失 2 万元,求一周内期望利润是多少?

4.2 随机变量函数的数学期望与数学期望的性质

4.2.1 随机变量函数的数学期望

在 4.1 节中我们已经介绍了随机变量 X 的数学期望的求法. 但有很多实际问题需要求关于随机变量 X 的函数 $g(X)$ 的数学期望 (例如 $g(X)$ 为 X^3,e^X,$2X+1$ 等). 由前面所学,我们可以通过 X 的分布求出 $g(X)$ 的分布,再由数学期望的定义求 $E[g(X)]$,但这种方法一般比较麻烦,我们更愿意推荐下面的定理.

定理 1 设 X 是一个随机变量,$Y=g(X)$(g 为连续函数).

(1) 设离散型随机变量 X 的分布律为 $P(X=x_k)=p_k(k=1,2,\cdots)$，若 $\sum\limits_{k=1}^{\infty}g(x_k)p_k$ 绝对收敛，则有

$$E(Y)=E[g(X)]=\sum_{k=1}^{\infty}g(x_k)p_k.$$

(2) 设连续型随机变量 X 的概率密度为 $f(x)$，若 $\int_{-\infty}^{+\infty}g(x)f(x)\mathrm{d}x$ 绝对收敛，则有

$$E(Y)=E[g(X)]=\int_{-\infty}^{+\infty}g(x)f(x)\mathrm{d}x.$$

证明略.

注 本定理告诉我们，在求函数 $g(X)$ 的数学期望时，并不需要求出 $g(X)$ 的分布，而只需把随机变量数学期望定义中的取值 x_k(或 x)换成相应的函数值 $g(x_k)$(或 $g(x)$)即可.

上述定理还可推广到二维及二维以上随机变量函数的数学期望的情形.

定理 2 设(X,Y)是一个二维随机变量，$Z=g(X,Y)$，且 $E(Z)$ 存在，于是：

(1) 若二维离散型随机变量(X,Y)的联合分布律为

$$P(X=x_i,Y=y_j)=p_{ij},\quad i,j=1,2,\cdots,$$

则 Z 的数学期望为

$$E(Z)=E[g(X,Y)]=\sum_{j=1}^{\infty}\sum_{i=1}^{\infty}g(x_i,y_j)p_{ij}.$$

(2) 若二维连续型随机变量(X,Y)的概率密度为 $f(x,y)$，则 Z 的数学期望为

$$E(Z)=E[g(X,Y)]=\int_{-\infty}^{+\infty}\int_{-\infty}^{+\infty}g(x,y)f(x,y)\mathrm{d}x\mathrm{d}y.$$

【例 1】 设离散型随机变量 X 的分布律为

X	-1	0	2	3
p_k	$\frac{1}{8}$	$\frac{1}{4}$	$\frac{3}{8}$	$\frac{1}{4}$

试计算：$E(X)$，$E(X^2)$，$E(-2X+1)$.

解 $E(X)=(-1)\times\frac{1}{8}+0\times\frac{1}{4}+2\times\frac{3}{8}+3\times\frac{1}{4}=\frac{11}{8}$，

$E(X^2)=(-1)^2\times\frac{1}{8}+0^2\times\frac{1}{4}+2^2\times\frac{3}{8}+3^2\times\frac{1}{4}=\frac{31}{8}$，

$E(-2X+1)=3\times\frac{1}{8}+1\times\frac{1}{4}+(-3)\times\frac{3}{8}+(-5)\times\frac{1}{4}=-\frac{7}{4}$.

【例 2】 若随机变量 X 服从$(0,\pi)$上的均匀分布，试求：(1)$E(X)$；(2)$E(\sin X)$；

(3)$E(X^2)$.

解 依题意有

$$f(x)=\begin{cases}\dfrac{1}{\pi}, & x\in(0,\pi),\\ 0, & \text{其他}.\end{cases}$$

(1) 由于随机变量 X 服从$(0,\pi)$上的均匀分布,所以 $E(X)=\dfrac{\pi}{2}$.

(2) $E(\sin X)=\int_{-\infty}^{+\infty}\sin x f(x)\mathrm{d}x=\int_0^{\pi}\sin x\dfrac{1}{\pi}\mathrm{d}x=\dfrac{2}{\pi}$.

(3) $E(X^2)=\int_{-\infty}^{+\infty}x^2 f(x)\mathrm{d}x=\int_0^{\pi}x^2\dfrac{1}{\pi}\mathrm{d}x=\dfrac{\pi^2}{3}$.

【例 3】 设随机变量(X,Y)的概率密度为

$$f(x,y)=\begin{cases}6xy, & 0<x<1,0<y<2(1-x),\\ 0, & \text{其他}.\end{cases}$$

试计算 $E(X)$和 $E(XY)$.

解
$$E(X)=\int_{-\infty}^{+\infty}\int_{-\infty}^{+\infty}xf(x,y)\mathrm{d}x\mathrm{d}y=\int_0^1\left[\int_0^{2(1-x)}6x^2y\mathrm{d}y\right]\mathrm{d}x$$
$$=12\int_0^1(x^2-2x^3+x^4)\mathrm{d}x=\frac{2}{5},$$
$$E(XY)=\int_{-\infty}^{+\infty}\int_{-\infty}^{+\infty}xyf(x,y)\mathrm{d}x\mathrm{d}y=\int_0^1\left[\int_0^{2(1-x)}6x^2y^2\mathrm{d}y\right]\mathrm{d}x$$
$$=16\int_0^1(x^2-3x^3+3x^4-x^5)\mathrm{d}x=\frac{4}{15}.$$

【例 4】 设国际市场每年对我国某种出口商品的需求量 X(单位:t)服从[2000,4000]上的均匀分布. 若销售这种商品1t,可挣得外汇3万元,若积压1t,则亏损1万元. 问应组织多少货源,才能使国家的收益最大?

解 设组织货源 at($2000\leqslant a\leqslant 4000$),国家收益 Y(万元)是 X 的函数 $Y=g(X)$,则

$$g(X)=\begin{cases}3a, & X\geqslant a,\\ 3X-(a-X), & X<a.\end{cases}$$

而 X 的概率密度为

$$f(x)=\begin{cases}\dfrac{1}{2000}, & 2000\leqslant x\leqslant 4000,\\ 0, & \text{其他}.\end{cases}$$

于是有

$$E(Y)=E[g(X)]=\int_{-\infty}^{+\infty}g(x)f(x)\mathrm{d}x=\int_{2000}^{4000}\frac{1}{2000}g(x)\mathrm{d}x$$

$$= \int_{2000}^{a} \frac{1}{2000}[3x-(a-x)]\mathrm{d}x + \int_{a}^{4000} \frac{1}{2000}3a\mathrm{d}x$$
$$= \frac{1}{2000}(-2a^2+14000a-8\times 10^6).$$

将 $E(Y)$ 对 a 求导，并令导数为零，得 $a=3500$. 因此当 $a=3500\text{t}$ 时，$E(Y)$ 最大. 因此，应组织 3500t 货源，才能使国家的收益最大.

4.2.2 数学期望的性质

下面介绍数学期望的几个性质，假定所涉及的随机变量的数学期望都存在.

(1) $E(C)=C$（C 是常数）；

(2) $E(CX)=CE(X)$（C 是常数）；

(3) $E(X+Y)=E(X)+E(Y)$；

(4) 如果 X 与 Y 相互独立，则 $E(XY)=E(X)E(Y)$.

这里仅证明性质(4)，其他留给读者自己证明.

证明 以连续型随机变量为例进行证明.

设 (X,Y) 是连续型随机变量，概率密度为 $f(x,y)$，则由 X 与 Y 的独立性可得 $f(x,y)=f_X(x)f_Y(y)$，其中 $f_X(x)$，$f_Y(y)$ 分别为 X 与 Y 的边缘概率密度. 从而

$$E(XY) = \int_{-\infty}^{+\infty}\int_{-\infty}^{+\infty} xyf(x,y)\mathrm{d}x\mathrm{d}y = \int_{-\infty}^{+\infty}\int_{-\infty}^{+\infty} xyf_X(x)f_Y(y)\mathrm{d}x\mathrm{d}y$$
$$= \int_{-\infty}^{+\infty} xf_X(x)\mathrm{d}x\int_{-\infty}^{+\infty} yf_Y(y)\mathrm{d}y = E(X)E(Y).$$

注 性质(3)、性质(4)可推广到任意有限个随机变量的情形.

【例 5】 设 (X,Y) 的分布律如下：

$X \backslash Y$	0	1
1	0	0.2
2	0.4	0.4

求 $E(X)$，$E(Y)$，$E(3X+2Y)$，$E(XY)$.

解 容易求得 X,Y 的边缘分布律分别为

X	1	2
p_k	0.2	0.8

Y	0	1
p_k	0.4	0.6

$$E(X)=1\times0.2+2\times0.8=1.8,$$
$$E(Y)=0\times0.4+1\times0.6=0.6,$$
$$E(3X+2Y)=3E(X)+2E(Y)=3\times1.8+2\times0.6=6.6,$$
$$E(XY)=1\times0\times0+1\times1\times0.2+2\times0\times0.4+2\times1\times0.4=1.$$

注 本题的 $E(XY)$ 不能用性质(4)计算，因为 X,Y 不相互独立.

【例 6】 设随机变量 X 与 Y 相互独立，概率密度分别为

$$f_X(x)=\begin{cases}2\mathrm{e}^{-2x}, & x>0,\\ 0, & x\leqslant 0;\end{cases}\qquad f_Y(y)=\begin{cases}3\mathrm{e}^{-3y}, & y>0,\\ 0, & y\leqslant 0.\end{cases}$$

求 $E(XY)$.

解 由 X 和 Y 的概率密度知，X 和 Y 都服从指数分布，得 $E(X)=\dfrac{1}{2}$，$E(Y)=\dfrac{1}{3}$.

又 X 与 Y 相互独立，所以 $E(XY)=E(X)E(Y)=\dfrac{1}{2}\times\dfrac{1}{3}=\dfrac{1}{6}$.

【例 7】 一民航巴士载有 20 位旅客自机场开出，旅客有 10 个车站可以下车. 设每位旅客在各个车站下车是等可能的，且各旅客是否下车相互独立. 如到达一个车站没有旅客下车就不停车，以 X 表示停车的次数，求 $E(X)$.

解 引入随机变量

$$X_i=\begin{cases}0, & \text{在第 } i \text{ 站没人下车},\\ 1, & \text{在第 } i \text{ 站有人下车},\end{cases}\qquad i=1,2,\cdots,10.$$

易知 $X=X_1+X_2+\cdots+X_{10}$.

现在来求 $E(X)$. 按题意，任意旅客在第 i 站不下车的概率为 $\dfrac{9}{10}$，因此 20 位旅客都不在第 i 站下车的概率为 $\left(\dfrac{9}{10}\right)^{20}$，在第 i 站有人下车的概率为 $1-\left(\dfrac{9}{10}\right)^{20}$，也就是

$$P(X_i=0)=\left(\frac{9}{10}\right)^{20},\quad P(X_i=1)=1-\left(\frac{9}{10}\right)^{20},\quad i=1,2,\cdots,10.$$

所以 $E(X_i)=1-\left(\dfrac{9}{10}\right)^{20}$ $(i=1,2,\cdots,10)$. 于是

$$\begin{aligned}E(X)&=E(X_1+X_2+\cdots+X_{10})\\&=E(X_1)+E(X_2)+\cdots+E(X_{10})\\&=10\left[1-\left(\frac{9}{10}\right)^{20}\right]\\&=8.784(\text{次}).\end{aligned}$$

注 本题所用的方法称为**随机变量分解法**. 即将 X 分解成数个随机变量之和，然后利用随机变量和的数学期望等于随机变量数学期望之和来求数学期望. 这种处理方法具有一定的普遍意义.

习题 4.2

1. 已知离散型随机变量 X 服从参数为 2 的泊松分布，设 $Z=3X-2$，求 $E(Z)$.

2. 设随机变量 X 的分布律为

X	-2	0	2
p_k	0.4	0.3	0.3

求：$E(X)$，$E(X^2)$，$E(3X^2+5)$.

3. 设随机变量 X 的概率密度为

$$f(x)=\begin{cases}e^{-x}, & x>0,\\ 0, & x\leqslant 0.\end{cases}$$

试求下列函数的数学期望：(1) $Y=2X$；(2) $Y=e^{-2X}$.

4. 某车间对生产的球体进行测试，其直径在区间 (a,b) 上服从均匀分布，求球体积的数学期望.

5. 设 (X,Y) 的分布律如下：

X \ Y	0	1	2
0	0.1	0.2	a
1	0.1	b	0.2

已知 $E(X^2+Y^2)=2.4$，求 a,b 的值.

6. 设二维随机变量 (X,Y) 的概率密度为

$$f(x,y)=\begin{cases}\dfrac{1}{8}, & 1\leqslant x\leqslant 5,1\leqslant y\leqslant x,\\ 0, & \text{其他}.\end{cases}$$

试求 $E(XY^2)$，$E(X)$，$E(Y)$.

4.3 方差

4.3.1 方差的定义

前面我们学习了随机变量的数学期望，知道随机变量的数学期望是描述随机变量取值的平均情况的，它是随机变量的重要数字特征．但在许多实际问题中，只知道随机变量的数学期望是不够的．例如，甲、乙两人进行打靶比赛，所得分数分别记为 X,Y，它们的分布律分别为

X	0	1	2
p_k	0.3	0.6	0.1

Y	0	1	2
p_k	0.5	0.2	0.3

那么甲、乙两人谁的成绩更好呢？单从两人所得分数的平均值是无法评定成绩好坏的，因为 $E(X)=E(Y)=0.8$．但从数据来看感觉甲的成绩要好些，因为乙脱靶的概率很大，即偏离平均值的概率很大．

为了衡量一个随机变量偏离平均值的程度，当然要考虑随机变量与其数学期望差的均值，即 $E[X-E(X)]$，但是我们还不能直接用它来表示随机变量偏离平均值的程度，原因在于计算 $E[X-E(X)]$的过程中“正、负”可能抵消，从而不能真实反映随机变量偏离平均值的程度．为了避免这个问题，自然想到用$|X-E(X)|$的平均值 $E(|X-E(X)|)$来表示，然而由于绝对值的运算很麻烦，为消除绝对值对运算带来的不便，一般采用偏离平方和$[X-E(X)]^2$ 的均值来表示 X 的离散程度．为此我们引入随机变量的另一个重要数字特征——**方差**．

定义 1 设 X 是一个随机变量，若 $E\{[X-E(X)]^2\}$ 存在，则称其为 X 的**方差**(deviation)，记为 $D(X)$，即

$$D(X)=E\{[X-E(X)]^2\}.$$

称其算术平方根$\sqrt{D(X)}$为 X 的**标准差**(standard deviation)或**均方差**．

根据随机变量函数数学期望的求法和方差的定义，有：

(1) 设离散型随机变量 X 的分布律为 $P(X=x_k)=p_k(k=1,2,\cdots)$，则

$$D(X)=\sum_{k=1}^{\infty}[x_k-E(X)]^2p_k.$$

(2) 设连续型随机变量 X 的概率密度为 $f(x)$，则

$$D(X)=\int_{-\infty}^{+\infty}[x-E(X)]^2 f(x)\mathrm{d}x.$$

由方差的定义和数学期望的性质，易推导出计算方差的一个**简化公式**.

$$D(X)=E(X^2)-[E(X)]^2.$$

证明
$$\begin{aligned}D(X)&=E\{[X-E(X)]^2\}=E\{X^2-2XE(X)+[E(X)]^2\}\\&=E(X^2)-2E[XE(X)]+[E(X)]^2\\&=E(X^2)-2E(X)\cdot E(X)+[E(X)]^2\\&=E(X^2)-[E(X)]^2.\end{aligned}$$

【例 1】 设随机变量 X 的概率密度为

$$f(x)=\begin{cases}12x^2+ax+b, & 0<x<1,\\ 0, & \text{其他},\end{cases}$$

并已知 $E(X)=0.5$，求系数 a,b 及 $D(X)$.

解 由 $\int_{-\infty}^{+\infty}f(x)\mathrm{d}x=1$ 和 $E(X)=\int_{-\infty}^{+\infty}xf(x)\mathrm{d}x$ 得

$$\begin{cases}\int_0^1(12x^2+ax+b)\mathrm{d}x=1,\\ \int_0^1 x(12x^2+ax+b)\mathrm{d}x=0.5,\end{cases}\quad \text{即}\quad \begin{cases}4+\frac{1}{2}a+b=1,\\ 3+\frac{1}{3}a+\frac{b}{2}=0.5,\end{cases}\quad \text{解得}\begin{cases}a=-12,\\ b=3.\end{cases}$$

又 $E(X^2)=\int_{-\infty}^{+\infty}x^2 f(x)\mathrm{d}x=\int_0^1 x^2(12x^2-12x+3)\mathrm{d}x=0.4$，所以

$$D(X)=E(X^2)-[E(X)]^2=0.4-0.5^2=0.15.$$

4.3.2 常用分布的方差

1. 0-1 分布

设 X 服从 0-1 分布，由 4.1 节知 $E(X)=p$. 又因为

$$E(X^2)=1^2\times p+0^2\times(1-p)=p,$$

所以

$$D(X)=E(X^2)-[E(X)]^2=p-p^2=p(1-p).$$

2. 二项分布

设 X 服从参数为 n 和 p 的二项分布，即 $X\sim B(n,p)$. 由 4.1 节知 $E(X)=np$. 而

$$\begin{aligned}E(X^2)&=\sum_{k=0}^{n}k^2P(X=k)=\sum_{k=0}^{n}k^2\mathrm{C}_n^k p^k q^{n-k}\\&=\sum_{k=0}^{n}k^2\cdot\frac{n!}{k!(n-k)!}p^k q^{n-k}\end{aligned}$$

$$= \sum_{k=0}^{n} \frac{k(k-1)\cdot n!}{k!(n-k)!} p^k q^{n-k} + \sum_{k=0}^{n} \frac{k\cdot n!}{k!(n-k)!} p^k q^{n-k}$$

$$= n(n-1)p^2 \sum_{k=2}^{n} \frac{(n-2)!}{(k-2)!(n-k)!} p^{k-2} q^{n-k} + np \sum_{k=1}^{n} \frac{(n-1)!}{(k-1)!(n-k)!} p^{k-1} q^{n-k}$$

$$= n(n-1)p^2 \sum_{k=2}^{n} \mathrm{C}_{n-2}^{k-2} p^{k-2} q^{(n-2)-(k-2)} + np \sum_{k=1}^{n} \mathrm{C}_{n-1}^{k-1} p^{k-1} q^{(n-1)-(k-1)}$$

$$= n(n-1)p^2 (p+q)^{n-2} + np(p+q)^{n-1}$$

$$= n(n-1)p^2 + np.$$

于是

$$D(X) = E(X^2) - [E(X)]^2 = n(n-1)p^2 + np - n^2p^2 = np(1-p).$$

3. 泊松分布

设 X 服从参数为 λ 泊松分布，即 $X \sim P(\lambda)$，其分布律为

$$P(X=k) = \frac{\lambda^k}{k!}\mathrm{e}^{-\lambda}, \quad k=0,1,2,\cdots;\ \lambda>0.$$

由 4.1 节知 $E(X)=\lambda$. 又

$$E(X^2) = \sum_{k=0}^{\infty} k^2 \frac{\lambda^k}{k!}\mathrm{e}^{-\lambda} = \sum_{k=1}^{\infty} k \frac{\lambda^k}{(k-1)!}\mathrm{e}^{-\lambda} = \lambda \mathrm{e}^{-\lambda} \sum_{k=1}^{\infty} \frac{(k-1)+1}{(k-1)!}\lambda^{k-1}$$

$$= \lambda \mathrm{e}^{-\lambda}\left[\lambda \sum_{k=2}^{\infty} \frac{1}{(k-2)!}\lambda^{k-2} + \sum_{k=1}^{\infty} \frac{1}{(k-1)!}\lambda^{k-1}\right] = \lambda \mathrm{e}^{-\lambda}[\lambda \mathrm{e}^{\lambda} + \mathrm{e}^{\lambda}] = \lambda^2 + \lambda,$$

所以

$$D(X) = E(X^2) - [E(X)]^2 = \lambda^2 + \lambda - \lambda^2 = \lambda.$$

4. 均匀分布

设随机变量 X 服从 (a,b) 上的均匀分布，即 $X \sim U(a,b)$，其概率密度为

$$f(x) = \begin{cases} \dfrac{1}{b-a}, & x \in (a,b), \\ 0, & \text{其他}. \end{cases}$$

由 4.1 节知 $E(X)=\dfrac{a+b}{2}$. 又因为

$$E(X^2) = \int_{-\infty}^{+\infty} x^2 f(x)\mathrm{d}x = \int_a^b x^2 \frac{1}{b-a}\mathrm{d}x = \frac{1}{3}(a^2+ab+b^2),$$

从而

$$D(X) = E(X^2) - [E(X)]^2 = \frac{1}{3}(a^2+ab+b^2) - \left(\frac{a+b}{2}\right)^2 = \frac{(b-a)^2}{12}.$$

5. 指数分布

设随机变量 X 服从参数为 λ 的指数分布，即 $X \sim Exp(\lambda)$，其概率密度为

$$f(x)=\begin{cases}\lambda e^{-\lambda x}, & x>0,\\ 0, & x\leqslant 0,\end{cases}\quad \lambda>0.$$

由 4.1 节知 $E(X)=\dfrac{1}{\lambda}$. 又因为

$$E(X^2)=\int_{-\infty}^{+\infty}x^2 f(x)\mathrm{d}x=\int_0^{+\infty}x^2\cdot\lambda e^{-\lambda x}\mathrm{d}x=-x^2e^{-\lambda x}\Big|_0^{+\infty}+\int_0^{+\infty}2xe^{-\lambda x}\mathrm{d}x=\frac{2}{\lambda^2},$$

所以

$$D(X)=E(X^2)-[E(X)]^2=\frac{1}{\lambda^2}.$$

6. 正态分布

设连续型随机变量 X 服从正态分布，即 $X\sim N(\mu,\sigma^2)$，其中 $\mu,\sigma(\sigma>0)$ 为常数. 其概率密度为

$$f(x)=\frac{1}{\sqrt{2\pi}\sigma}e^{-\frac{(x-\mu)^2}{2\sigma^2}},\quad -\infty<x<+\infty.$$

由 4.1 节知 $E(X)=\mu$. 又根据方差的定义

$$D(X)=\int_{-\infty}^{+\infty}[x-E(X)]^2f(x)\mathrm{d}x=\int_{-\infty}^{+\infty}(x-\mu)^2\frac{1}{\sqrt{2\pi}\sigma}e^{-\frac{(x-\mu)^2}{2\sigma^2}}\mathrm{d}x.$$

设 $t=\dfrac{x-\mu}{\sigma}$，则 $x=\sigma t+\mu$，$\mathrm{d}x=\sigma\mathrm{d}t$，从而

$$\begin{aligned}D(X)&=\frac{\sigma^2}{\sqrt{2\pi}}\int_{-\infty}^{+\infty}t^2e^{-\frac{t^2}{2}}\mathrm{d}t=\frac{\sigma^2}{\sqrt{2\pi}}\left(-te^{-\frac{t^2}{2}}\Big|_{-\infty}^{+\infty}+\int_{-\infty}^{+\infty}e^{-\frac{t^2}{2}}\mathrm{d}t\right)\\&=\frac{\sigma^2}{\sqrt{2\pi}}(0+\sqrt{2\pi})=\sigma^2.\end{aligned}$$

7. 几何分布

设 X 服从参数为 p 的几何分布，即 $X\sim Ge(p)$，其分布律为

$$P(X=k)=(1-p)^{k-1}p,\quad k=1,2,\cdots,0<p<1,$$

则

$$\begin{aligned}E(X)&=\sum_{k=1}^{\infty}kP(X=k)=\sum_{k=1}^{\infty}k(1-p)^{k-1}p\\&=\sum_{k=1}^{\infty}kq^{k-1}p=p\sum_{k=1}^{\infty}(x^k)'\Big|_{x=q}\\&=p\left(\sum_{k=1}^{\infty}x^k\right)'\Big|_{x=q},\quad 其中\quad q=1-p.\end{aligned}$$

由函数的幂级数展开有

$$\sum_{k=0}^{\infty} x^k = \frac{1}{1-x}, \quad |x|<1,$$

从而

$$E(X) = p\left(\frac{1}{1-x}-1\right)'\Big|_{x=q} = p\,\frac{1}{(1-x)^2}\Big|_{x=q} = \frac{1}{p}.$$

又因为

$$\begin{aligned} E(X^2) &= \sum_{k=1}^{\infty} k^2 P(X=k) = \sum_{k=1}^{\infty} k^2 (1-p)^{k-1} p \\ &= \sum_{k=1}^{\infty} k^2 q^{k-1} p = pq\sum_{k=1}^{\infty} k(k-1)(x^k)''\Big|_{x=q} + \sum_{k=1}^{\infty} kq^{k-1} p \\ &= pq\left(\sum_{k=1}^{\infty} x^k\right)''\Big|_{x=q} + \frac{1}{p} \\ &= pq\left(\frac{1}{1-x}-1\right)''\Big|_{x=q} + \frac{1}{p} = \frac{2q}{p^2}+\frac{1}{p}, \end{aligned}$$

故

$$D(X) = E(X^2) - [E(X)]^2 = \frac{2q}{p^2}+\frac{1}{p}-\left(\frac{1}{p}\right)^2 = \frac{1-p}{p^2}.$$

8. 超几何分布

设 X 服从参数为 n,N,M 的几何分布，即 $X\sim h(n,N,M)$，其分布律为

$$P(X=k) = \frac{C_M^k C_{N-M}^{n-k}}{C_N^n}, \quad k=0,1,2,\cdots,L, \quad 其中\ L=\min\{M,N\},$$

则

$$\begin{aligned} E(X) &= \sum_{k=0}^{L} kP(X=k) = \sum_{k=0}^{L} k\cdot\frac{C_M^k C_{N-M}^{n-k}}{C_N^n} \\ &= n\frac{M}{N}\sum_{k=1}^{L}\frac{C_{M-1}^{k-1}C_{N-M}^{n-k}}{C_{N-1}^{n-1}} = n\frac{M}{N}, \end{aligned}$$

$$\begin{aligned} E(X^2) &= \sum_{k=0}^{L} k^2 P(X=k) = \sum_{k=0}^{L} k^2\cdot\frac{C_M^k C_{N-M}^{n-k}}{C_N^n} \\ &= \sum_{k=0}^{L} k(k-1)\cdot\frac{C_M^k C_{N-M}^{n-k}}{C_N^n} + \sum_{k=0}^{L} k\cdot\frac{C_M^k C_{N-M}^{n-k}}{C_N^n} \\ &= \frac{M(M-1)n(n-1)}{N(N-1)}\sum_{k=2}^{L}\frac{C_{M-2}^{k-2}C_{N-M}^{n-k}}{C_{N-2}^{n-2}} + n\frac{M}{N} \\ &= \frac{M(M-1)n(n-1)}{N(N-1)} + n\frac{M}{N}, \end{aligned}$$

于是

$$D(X)=E(X^2)-[E(X)]^2$$
$$=\frac{M(M-1)n(n-1)}{N(N-1)}+n\frac{M}{N}-\left(n\frac{M}{N}\right)^2$$
$$=\frac{nM(N-M)(N-n)}{N(N-1)}.$$

为了便于读者集中记忆几种重要分布的期望和方差,现列表见表 4-1.

表 4-1

分　布	分布律或概率密度	期望	方差
0-1 分布	$P(X=k)=p^k(1-p)^{1-k}$, $k=0,1,0<p<1$	p	$p(1-p)$
二项分布 $X\sim B(n,p)$	$P(X=k)=C_n^k p^k(1-p)^{n-k}$, $k=0,1,2,\cdots,n,0<p<1$	np	$np(1-p)$
泊松分布 $X\sim P(\lambda)$	$P(X=k)=\frac{\lambda^k}{k!}e^{-\lambda}$, $\lambda>0,k=0,1,2,\cdots$	λ	λ
几何分布 $X\sim Ge(p)$	$P(X=k)=(1-p)^{k-1}p$, $k=1,2,\cdots,0<p<1$	$\frac{1}{p}$	$\frac{1-p}{p^2}$
超几何分布 $X\sim h(n,N,M)$	$P(X=k)=\frac{C_M^k C_{N-M}^{n-k}}{C_N^n}$, $k=1,2,\cdots,L$	$n\frac{M}{N}$	$\frac{nM(N-M)(N-n)}{N(N-1)}$
均匀分布 $X\sim U(a,b)$	$f(x)=\begin{cases}\frac{1}{b-a}, & x\in(a,b)\\ 0, & \text{其他}\end{cases}$	$\frac{a+b}{2}$	$\frac{(b-a)^2}{12}$
指数分布 $X\sim Exp(\lambda)$	$f(x)=\begin{cases}\lambda e^{-\lambda x}, & x>0\\ 0, & x\leqslant 0\end{cases}(\lambda>0)$	$\frac{1}{\lambda}$	$\frac{1}{\lambda^2}$
正态分布 $X\sim N(\mu,\sigma^2)$	$f(x)=\frac{1}{\sqrt{2\pi}\sigma}e^{-\frac{(x-\mu)^2}{2\sigma^2}}$, $\sigma>0$, $-\infty<x<+\infty$	μ	σ^2

4.3.3 方差的性质

下面介绍方差的几个性质,假定所涉及的随机变量的方差都存在.

(1) $D(C)=0$ (C 是常数);

(2) $D(X+C)=D(X)$ (C 是常数);

(3) $D(CX)=C^2D(X)$ (C 是常数);

(4) 如果 X 与 Y 相互独立,则

$$D(X\pm Y)=D(X)+D(Y).$$

(5) $D(X)=0$ 的充分必要条件是 X 以概率 1 取常数 C,即

$$P(X=C)=1.$$

证明 由方差的定义容易证得性质(1),(2),(3).现在只证明性质(4).

若 X 与 Y 相互独立,则 $E(XY)=E(X)E(Y)$,从而

$$\begin{aligned}D(X+Y)&=E[(X+Y)^2]-[E(X+Y)]^2\\&=E(X^2+2XY+Y^2)-[E(X)+E(Y)]^2\\&=E(X^2)+2E(XY)+E(Y^2)-[E(X)]^2-2E(X)E(Y)-[E(Y)]^2\\&=D(X)+D(Y).\end{aligned}$$

同理可证,$D(X-Y)=D(X)+D(Y)$.

性质(4)可以推广到多个相互独立的随机变量的情形.

因性质(5)要用到一些复杂的数学知识,略去证明过程.

【例 2】 已知 X 与 Y 相互独立,$D(X)=4$,$D(Y)=2$,求 $D(3X-2Y+5)$.

解 由方差性质可得

$$D(3X-2Y+5)=3^2D(X)+2^2D(Y)=3^2\times4+2^2\times2=44.$$

习题 4.3

1. 学校文娱队共有 6 人,其中每位队员唱歌、跳舞至少会一项.已知会唱歌的有 4 人,会跳舞的有 5 人,现从中选 2 人,设 X 为选出人中既会唱歌又会跳舞的人数,求 $E(X)$,$D(X)$.

2. 设 X 服从二项分布 $B(n,p)$,若已知 $E(X)=12$,$D(X)=8$,求 n 和 p.

3. 设随机变量 X 的概率密度为

$$f(x)=\begin{cases}\dfrac{2}{x^2}, & 1\leqslant x\leqslant 2,\\ 0, & \text{其他},\end{cases}$$

求 $E(X)$和 $D(X)$.

4. 设随机变量 X 的概率密度为

$$f(x)=\begin{cases} ax, & 0<x<2, \\ bx+1, & 2\leqslant x\leqslant 4, \\ 0, & \text{其他}. \end{cases}$$

并已知 $P(1<X<3)=\dfrac{3}{4}$，求系数 $a,b,E(X)$ 和 $D(X)$.

5. 投掷 10 颗骰子，假定每颗骰子出现 1 至 6 点都是等可能的，求 10 颗骰子的点数和的数学期望和方差.

6. 设随机变量 X 和 Y 相互独立，且 $X\sim N(1,2)$，$Y\sim N(2,3)$，求 $E(4X-3Y)$ 和 $D(4X-3Y)$.

7. 设随机变量 X 服从正态分布 $N(\mu,\sigma^2)$，令 $Y=\mathrm{e}^X$，求 $E(Y)$ 和 $D(Y)$.

8. 设 $f(x)=E(X-x)^2$，$x\in\mathbb{R}$，证明：当 $x=E(X)$ 时，$f(x)$ 达到最小值.

4.4 二维随机变量的数字特征

对于二维随机变量 (X,Y)，我们除了要讨论 X 与 Y 的数学期望及方差外，还需要研究描述两个变量 X 与 Y 之间的相互关系的数字特征——协方差及相关系数.

4.4.1 协方差与相关系数

1. 协方差与相关系数的定义

定义 1 设 (X,Y) 是二维随机变量，如果 $E(X)$，$E(Y)$，$E\{[X-E(X)][Y-E(Y)]\}$ 都存在，则称 $E\{[X-E(X)][Y-E(Y)]\}$ 为 X 与 Y 的**协方差**(covariance)，记为 $\mathrm{Cov}(X,Y)$. 即

$$\mathrm{Cov}(X,Y)=E\{[X-E(X)][Y-E(Y)]\}.$$

若 $D(X)>0$，$D(Y)>0$，则称 $\dfrac{\mathrm{Cov}(X,Y)}{\sqrt{D(X)}\cdot\sqrt{D(Y)}}$ 为 X 与 Y 的**相关系数**(correlation coefficient)，记为 ρ_{XY}，即 $\rho_{XY}=\dfrac{\mathrm{Cov}(X,Y)}{\sqrt{D(X)}\cdot\sqrt{D(Y)}}$.

注 协方差在一定程度上揭示了两个随机变量间的相互关系，但其变化将受到随机变量本身度量单位的影响. 而相关系数是不受所用的度量单位的影响，描述两个随机变量相互关系的量.

由协方差的定义和数学期望的性质，易推导出计算协方差的一个非常重要的**简化公式**.

$$
\begin{aligned}
\operatorname{Cov}(X,Y) &= E\{[X-E(X)][Y-E(Y)]\} \\
&= E[XY - XE(Y) - YE(X) + E(X)E(Y)] \\
&= E(XY) - E(X)E(Y) - E(Y)E(X) + E(X)E(Y) \\
&= E(XY) - E(X)E(Y).
\end{aligned}
$$

即 $\operatorname{Cov}(X,Y)=E(XY)-E(X)\cdot E(Y)$.

如果 X 与 Y 相互独立,则 $E(XY)=E(X)E(Y)$,从而 $\operatorname{Cov}(X,Y)=0$；但反过来不一定成立,即如果协方差为 0,$X$ 与 Y 不一定相互独立.

【例 1】 设二维随机变量(X,Y)的分布律为

$X \backslash Y$	-2	-1	1	2
-1	0	$\frac{3}{8}$	$\frac{3}{8}$	0
1	$\frac{1}{8}$	0	0	$\frac{1}{8}$

求 $\operatorname{Cov}(X,Y)$和 ρ_{XY}.

解 (X,Y)关于 X 与 Y 的边缘分布律分别为

X	-1	1
p_k	$\frac{3}{4}$	$\frac{1}{4}$

Y	-2	-1	1	2
p_k	$\frac{1}{8}$	$\frac{3}{8}$	$\frac{3}{8}$	$\frac{1}{8}$

则有 $E(X)=-\dfrac{1}{2}$,$E(Y)=0$,$E(XY)=0$,于是

$$
\operatorname{Cov}(X,Y) = E(XY) - E(X)E(Y) = 0, \quad \rho_{XY} = \frac{\operatorname{Cov}(X,Y)}{\sqrt{D(X)}\cdot\sqrt{D(Y)}} = 0.
$$

2. 协方差的性质

根据协方差定义,可得协方差的如下性质：

(1) $\operatorname{Cov}(X,X)=D(X)$；

(2) $\operatorname{Cov}(X,Y)=\operatorname{Cov}(Y,X)$；

(3) $\operatorname{Cov}(aX,bY)=ab\operatorname{Cov}(X,Y)$($a,b$ 为常数)；

(4) $\operatorname{Cov}(X,C)=0$($C$ 为任常数)；

(5) $\operatorname{Cov}(X,Y_1+Y)=\operatorname{Cov}(X,Y_1)+\operatorname{Cov}(X,Y_2)$.

证明 此处仅对性质(3)进行证明,其余请读者思考.

$$
\operatorname{Cov}(aX,bY) = E(aX\cdot bY) - E(aX)E(bY)
$$

$$= abE(XY) - abE(X)E(Y) = ab[E(XY) - E(X)E(Y)] = ab\mathrm{Cov}(X,Y).$$

由协方差定义与方差性质可以得到计算两个随机变量和的方差的一个重要公式.

$$\begin{aligned} D(X+Y) &= E\{[(X+Y) - E(X+Y)]^2\} = E\{[(X-E(X)) + (Y-E(Y))]^2\} \\ &= E\{[X-E(X)]^2\} + E\{[Y-E(Y)]^2\} + 2E\{[X-E(X)][Y-E(Y)]\} \\ &= D(X) + D(Y) + 2\mathrm{Cov}(X,Y). \end{aligned}$$

即

$$D(X+Y) = D(X) + D(Y) + 2\mathrm{Cov}(X,Y).$$

同理可证

$$D(X-Y) = D(X) + D(Y) - 2\mathrm{Cov}(X,Y).$$

【例 2】 设二维随机变量(X,Y)在以点$(0,1)$,$(1,0)$,$(1,1)$为顶点的三角形区域D上服从均匀分布,求$\mathrm{Cov}(X,Y)$,ρ_{XY}及$D(X+Y)$.

解 (X,Y)的概率密度为

$$f(x,y) = \begin{cases} 2, & (x,y) \in D, \\ 0, & \text{其他}. \end{cases}$$

$$E(X) = \int_{-\infty}^{+\infty}\int_{-\infty}^{+\infty} xf(x,y)\mathrm{d}x\mathrm{d}y = \int_0^1 \mathrm{d}x\int_{1-x}^1 2x\mathrm{d}y = 2\int_0^1 x^2\mathrm{d}x = \frac{2}{3},$$

$$E(X^2) = \int_{-\infty}^{+\infty}\int_{-\infty}^{+\infty} x^2 f(x,y)\mathrm{d}x\mathrm{d}y = \int_0^1 \mathrm{d}x\int_{1-x}^1 2x^2\mathrm{d}y = 2\int_0^1 x^3\mathrm{d}x = \frac{1}{2},$$

$$D(X) = E(X^2) - [E(X)]^2 = \frac{1}{2} - \left(\frac{2}{3}\right)^2 = \frac{1}{18}.$$

由对称性可得

$$E(X) = E(Y) = \frac{2}{3}, \quad D(X) = D(Y) = \frac{1}{18},$$

$$E(XY) = \int_{-\infty}^{+\infty}\int_{-\infty}^{+\infty} xyf(x,y)\mathrm{d}x\mathrm{d}y = \int_0^1 \mathrm{d}y\int_{1-x}^1 2xy\mathrm{d}y = \frac{5}{12},$$

$$\mathrm{Cov}(X,Y) = E(XY) - E(X)E(Y) = \frac{5}{12} - \frac{2}{3} \times \frac{2}{3} = -\frac{1}{36},$$

$$\rho_{XY} = \frac{\mathrm{Cov}(X,Y)}{\sqrt{D(X)} \cdot \sqrt{D(Y)}} = \frac{-1/36}{\sqrt{1/18} \times \sqrt{1/18}} = -\frac{1}{2},$$

$$D(X+Y) = D(X) + D(Y) + 2\mathrm{Cov}(X,Y) = \frac{1}{18} + \frac{1}{18} + 2 \times \left(-\frac{1}{36}\right) = \frac{1}{18}.$$

3. 相关系数的性质

(1) $|\rho_{XY}| \leqslant 1$;

(2) $|\rho_{XY}| = 1$ 的充分必要条件是存在常数 a,b,使 $P(Y=aX+b)=1$.

证明 (1) 对任意实数 λ,$D(\lambda X+Y) = \lambda^2 D(X) + 2\lambda\mathrm{Cov}(X,Y) + D(Y) \geqslant 0$.

由于一元二次不等式恒大于等于 0,所以其判别式小于或等于 0,即

$$4\mathrm{Cov}^2(X,Y)-4D(X)D(Y)\leqslant 0.$$

于是

$$\frac{\mathrm{Cov}^2(X,Y)}{D(X)D(Y)}\leqslant 1,\quad 即\quad |\rho_{XY}|\leqslant 1.$$

(2)(充分性)设 $Y=aX+b(a\neq 0,a,b$ 为常数),则

$$\begin{aligned}\mathrm{Cov}(X,Y)&=E\{[X-E(X)][Y-E(Y)]\}\\&=E\{[X-E(X)][aX+b-aE(X)-b]\}\\&=a\{E[X-E(X)]^2\}=aD(X),\end{aligned}$$

$$D(Y)=D(aX+b)=a^2D(X).$$

所以

$$\rho_{XY}=\frac{\mathrm{Cov}(X,Y)}{\sqrt{D(X)}\sqrt{D(Y)}}=\frac{aD(X)}{|a|D(X)}=\begin{cases}1, & a>0,\\-1, & a<0,\end{cases}\quad 即\quad |\rho_{XY}|=1.$$

(必要性)若 $\rho_{XY}=1$,则 $\mathrm{Cov}(X,Y)=\sqrt{D(X)}\cdot\sqrt{D(Y)}$ 且 $D(X)>0,D(Y)>0$. 于是

$$\begin{aligned}D\left[\sqrt{D(X)}Y-\sqrt{D(Y)}X\right]&=D(X)D(Y)+D(Y)D(X)-2\sqrt{D(X)}\sqrt{D(Y)}\mathrm{Cov}(X,Y)\\&=2D(X)D(Y)-2D(X)D(Y)=0.\end{aligned}$$

根据 4.3 节方差的性质(5),可以认为 $\sqrt{D(X)}Y-\sqrt{D(Y)}X$ 为一常数,而常数的数学期望为此常数. 所以有

$$\sqrt{D(X)}Y-\sqrt{D(Y)}X=E\left[\sqrt{D(X)}Y-\sqrt{D(Y)}X\right]=\sqrt{D(X)}E(Y)-\sqrt{D(Y)}E(X).$$

即

$$Y=\frac{\sqrt{D(Y)}}{\sqrt{D(X)}}X+E(Y)-\frac{\sqrt{D(Y)}}{\sqrt{D(X)}}E(X).$$

令 $a=\dfrac{\sqrt{D(Y)}}{\sqrt{D(X)}}>0,b=E(Y)-\dfrac{\sqrt{D(Y)}}{\sqrt{D(X)}}E(X)$,则有

$$Y=aX+b.$$

同理可证,当 $\rho_{XY}=-1$ 时,存在 $a<0$ 与实数 b,使得

$$Y=aX+b.$$

由性质(1)和性质(2)可以看出,相关系数 ρ_{XY} 是随机变量 X 与 Y 之间线性关系的一种度量,当 $|\rho_{XY}|=1$ 时,表明 X 与 Y 之间以概率 1 存在线性关系,即 $Y=aX+b$; 当 $\rho_{XY}=0$ 时,X 与 Y 之间不存在线性关系. 当 $0<|\rho_{XY}|<1$ 时,意味着 X 与 Y 之间具有一定的线性关系,而且 $|\rho_{XY}|$ 越接近于 1,X 与 Y 的线性近似程度就越高. 反之,$|\rho_{XY}|$ 越接近于 0,X 与 Y 的线性近似程度就越低.

定义 2 如果随机变量 X 与 Y 的相关系数 $\rho_{XY}=0$,则称 X 与 Y **不相关**.

当 X,Y 相互独立时,X 与 Y 不相关;但反过来不一定成立.

【例 3】 判断本节例 1 中,随机变量 X 与 Y 的相关性与相互独立性,并说明理由.

解 由本节例 1 知 $\rho_{XY}=0$,所以 X 与 Y 不相关.

又因为 $P(X=1,Y=1)=0\neq P(X=1)P(Y=1)=3/32$,所以 X 与 Y 不相互独立.

【例 4】 设(X,Y)服从二维正态分布,即$(X,Y)\sim N(\mu_1,\sigma_1^2;\ \mu_2,\sigma_2^2;\ \rho)$,求 ρ_{XY}.

解 由 3.3 节例 4 知

$$X\sim N(\mu_1,\sigma_1^2),\quad Y\sim(\mu_2,\sigma_2^2),$$

即有

$$E(X)=\mu_1,\quad D(X)=\sigma_1^2,\quad E(Y)=\mu_2,\quad D(X)=\sigma_2^2.$$

而

$$\begin{aligned}
\mathrm{Cov}(X,Y)&=\int_{-\infty}^{+\infty}\int_{-\infty}^{+\infty}(x-\mu_1)(y-\mu_2)f(x,y)\mathrm{d}x\mathrm{d}y\\
&=\frac{1}{2\pi\sigma_1\sigma_2\sqrt{1-\rho^2}}\int_{-\infty}^{+\infty}\int_{-\infty}^{+\infty}(x-\mu_1)(y-\mu_2)\mathrm{e}^{-\frac{1}{2(1-\rho^2)}\left[\frac{(x-\mu_1)^2}{\sigma_1^2}-2\rho\frac{(x-\mu_1)(y-\mu_2)}{\sigma_1\sigma_2}+\frac{(y-\mu_2)^2}{\sigma_2^2}\right]}\mathrm{d}x\mathrm{d}y\\
&=\frac{1}{2\pi\sigma_1\sigma_2\sqrt{1-\rho^2}}\int_{-\infty}^{+\infty}(x-\mu_1)\mathrm{e}^{-\frac{(x-\mu_1)^2}{2\sigma_1^2}}\mathrm{d}x\cdot\int_{-\infty}^{+\infty}(y-\mu_2)\mathrm{e}^{-\frac{1}{2(1-\rho^2)}\left(\frac{y-\mu_2}{\sigma_2}-\rho\frac{x-\mu_1}{\sigma_1}\right)^2}\mathrm{d}y.
\end{aligned}$$

令

$$t=\frac{1}{\sqrt{1-\rho^2}}\left(\frac{y-\mu_2}{\sigma_2}-\rho\frac{x-\mu_1}{\sigma_1}\right),\quad u=\frac{x-\mu_1}{\sigma_1},$$

则有

$$\begin{aligned}
\mathrm{Cov}(X,Y)&=\frac{1}{2\pi}\int_{-\infty}^{+\infty}\int_{-\infty}^{+\infty}(\sigma_1\sigma_2\sqrt{1-\rho^2}\,tu+\rho\sigma_1\sigma_2u^2)\mathrm{e}^{-\frac{u^2}{2}-\frac{t^2}{2}}\mathrm{d}t\mathrm{d}u\\
&=\frac{\rho\sigma_1\sigma_2}{2\pi}\left(\int_{-\infty}^{+\infty}u^2\mathrm{e}^{-\frac{u^2}{2}}\mathrm{d}u\right)\left(\int_{-\infty}^{+\infty}\mathrm{e}^{-\frac{t^2}{2}}\mathrm{d}t\right)+\frac{\sigma_1\sigma_2\sqrt{1-\rho^2}}{2\pi}\left(\int_{-\infty}^{+\infty}u\mathrm{e}^{-\frac{u^2}{2}}\mathrm{d}u\right)\left(\int_{-\infty}^{+\infty}t\mathrm{e}^{-\frac{t^2}{2}}\mathrm{d}t\right)\\
&=\frac{\rho\sigma_1\sigma_2}{2\pi}\sqrt{2\pi}\cdot\sqrt{2\pi}=\rho\sigma_1\sigma_2.
\end{aligned}$$

于是

$$\rho_{XY}=\frac{\mathrm{Cov}(X,Y)}{\sqrt{D(X)}\sqrt{D(Y)}}=\rho.$$

可见二维正态随机变量(X,Y)的概率密度中的参数 ρ 就是 X 与 Y 的相关系数,因此,二维正态随机变量的分布完全可由每个变量的数学期望 μ_1,μ_2,方差 σ_1^2,σ_2^2 及相关系数 ρ 确定.

由 3.3 节例 7 知,对二维正态随机变量(X,Y)来说,X 与 Y 相互独立的充要条件是 $\rho=0$,现在又知 $\rho_{XY}=\rho$,故对二维正态随机变量(X,Y)来说,X 与 Y 不相关和 X 与 Y 相互独立是等价的.

*4.4.2 矩与协方差矩阵

定义3 设 X,Y 均为随机变量,若 $E(X^k)(k=1,2,\cdots)$ 存在,称之为 X 的 k **阶原点矩**,简称 k **阶矩**. 若 $E\{[X-E(X)]^k\}(k=2,3,\cdots)$ 存在,称之为 X 的 k **阶中心矩**. 若 $E(X^kY^l)(k,l=1,2,3,\cdots)$ 存在,称之为 X 与 Y 的 $k+l$ **阶混合原点矩**. 若

$$E\{[X-E(X)]^k[Y-E(Y)]^l\} \quad (k,l=1,2,3,\cdots)$$

存在,称之为 X 与 Y 的 $k+l$ **阶混合中心矩**.

显然,X 的数学期望 $E(X)$ 是 X 的一阶原点矩,方差 $D(X)$ 是 X 的二阶中心矩,协方差 $\mathrm{Cov}(X,Y)$ 是 X 与 Y 的二阶混合中心矩.

定义4 对于二维随机变量 (X,Y),二阶中心矩共有四个,分别记为

$$C_{11}=E\{[X-E(X)]^2\}, \quad C_{22}=E\{[Y-E(Y)]^2\},$$
$$C_{12}=E\{[X-E(X)][Y-E(Y)]\}=\mathrm{Cov}(X,Y),$$
$$C_{21}=E\{[Y-E(Y)][X-E(X)]\}=\mathrm{Cov}(Y,X).$$

称矩阵 $\begin{pmatrix} C_{11} & C_{12} \\ C_{21} & C_{22} \end{pmatrix}$ 为 (X,Y) 的**协方差矩阵**.

显然此矩阵是一个非负的对称矩阵. 类似地,可建立多维随机变量协方差矩阵的概念.

定义5 对 n 维随机变量 $(X_1,X_2,\cdots,X_n)$,记

$$C_{ij}=E\{[X_i-E(X_i)][X_j-E(X_j)]\}=\mathrm{Cov}(X_i,X_j), \quad i,j=1,2,\cdots,n,$$

称矩阵

$$\boldsymbol{C}=(C_{ij})_{n\times n}=\begin{pmatrix} C_{11} & C_{12} & \cdots & C_{1n} \\ C_{21} & C_{22} & \cdots & C_{2n} \\ \vdots & \vdots & & \vdots \\ C_{n1} & C_{n2} & \cdots & C_{nn} \end{pmatrix}$$

为 $(X_1,X_2,\cdots,X_n)$ 的**协方差矩阵**.

显然此矩阵 $\boldsymbol{C}$ 是一个非负的对称矩阵. 协方差矩阵给出了 n 维随机变量的全部方差及协方差,因此在研究 n 维随机变量的统计规律时,协方差矩阵就显得非常重要.

习题4.4

1. 设随机变量 X,Y 的期望和方差都存在,且 $D(X-Y)=D(X)+D(Y)$,则下列说法不正确的是(　　).

A. $D(X+Y)=D(X)+D(Y)$　　B. $E(XY)=E(X)E(Y)$

C. X 与 Y 不相关　　D. X 与 Y 独立

2. 设(X,Y)的分布律如下：

X \ Y	1	2
1	0	1/3
2	1/3	1/3

求 $\mathrm{Cov}(X,Y)$，ρ_{XY}.

3. 设两个随机变量 X 和 Y 的方差分别为 25 和 16，相关系数为 0.4，求 $D(2X+Y)$ 和 $D(X-2Y)$.

4. 设 X,Y 是两个随机变量，已知 $E(X)=2$，$E(X^2)=20$，$E(Y)=3$，$E(Y^2)=34$，$\rho_{XY}=0.5$. 求：$E(3X+2Y)$，$E(X-Y)$，$D(3X+2Y)$，$D(X-Y)$.

5. 设(X,Y)的概率密度为

$$f(x,y)=\begin{cases}\mathrm{e}^{-(x+y)}, & x>0,y>0,\\ 0, & \text{其他}.\end{cases}$$

求：(1)$D(X)$；(2)$\mathrm{Cov}(X,Y)$；(3)ρ_{XY}；(4)讨论随机变量 X 与 Y 的相关性.

6. 设二维随机变量(X,Y)的概率密度为

$$f(x,y)=\begin{cases}x+y, & 0\leqslant x\leqslant 1,0\leqslant y\leqslant 1,\\ 0, & \text{其他}.\end{cases}$$

试求 $D(X)$，$D(Y)$，$\mathrm{Cov}(X,Y)$，ρ_{XY}.

7. 设 $W=(aX+3Y)^2$，$E(X)=E(Y)=0$，$D(X)=4$，$D(Y)=16$，$\rho_{XY}=-0.5$，求常数 a，使 $E(W)$ 为最小，并求 $E(W)$ 的最小值.

总复习题 4

1. 设 X 表示 10 次独立重复射击中命中目标的次数，每次射中目标的概率为 0.4，求 $E(X^2)$.

2. 某同学参加科普知识竞赛，需要回答 3 个问题，竞赛规则规定：每题回答正确得 100 分，回答不正确扣 100 分. 假设这名同学回答每题正确的概率为 $\frac{4}{5}$，且各题回答正确与否相互间没有影响，求这名同学回答这 3 个问题的平均数得分.

3. 某医院门诊室有外科医生 3 名，内科医生 2 名，急诊室有内外科医生各 2 名. 春节期间决定从门诊室抽 2 名医生到急诊室工作，春节后由急诊室抽 1 名医生到门诊室工作. 用 X 表示抽调后门诊室外科医生人数. 求：(1)X 的分布律；(2)$E(X)$；(3)$D(X)$.

4. 假定每人生日在各个月份的机会是相等的，求 4 个人中生日在第二季度的平均人数.

5. 某商店对某种家用电器的销售采用先使用后付款的方式，记使用寿命为 X(单位：年)，规定：

$X\leqslant 1$，　一台付款 1500 元；　$1<X\leqslant 2$，　一台付款 2000 元；

$2<X\leqslant 3$，　一台付款 2500 元；　$X>3$，　一台付款 3000 元.

设寿命 X 服从指数分布，其概率密度为

$$f(x)=\begin{cases}\dfrac{1}{10}\mathrm{e}^{-\frac{x}{10}}, & x>0,\\ 0, & x\leqslant 0.\end{cases}$$

试求该类家电一台收费 Y 的数学期望.

6. 进行重复独立试验，设每次试验成功的概率为 p，失败的概率为 $q=1-p(0<p<1)$. 若将试验进行到出现 r(r 为常数)次成功为止，以 X 表示所需的试验次数，此时称 X 服从**负二项分布或帕斯卡分布**，求 $E(X)$，$D(X)$.

7. 设随机变量 X 的概率密度为

$$f(x)=\begin{cases}\dfrac{1}{2}\cos\dfrac{x}{2}, & 0\leqslant x\leqslant \pi,\\ 0, & \text{其他},\end{cases}$$

对 X 独立重复地观察 4 次，用 Y 表示观察值大于 $\dfrac{\pi}{3}$ 的次数，求 Y^2 的数学期望.

8. 设随机变量 X 的概率密度为

$$f(x)=\begin{cases}\dfrac{3}{8}x^2, & 0<x<2,\\ 0, & \text{其他}.\end{cases}$$

求 $\dfrac{1}{X^2}$ 的数学期望.

9. 设随机变量 X_1，X_2 的概率密度分别为

$$f_1(x)=\begin{cases}2\mathrm{e}^{-2x}, & x>0,\\ 0, & x\leqslant 0,\end{cases}\qquad f_2(x)=\begin{cases}4\mathrm{e}^{-4x}, & x>0,\\ 0, & x\leqslant 0.\end{cases}$$

(1)求 $E(X_1+X_2)$；(2)$E(2X_1-3X_2^2)$；(3)进一步，设 X_1，X_2 相互独立，求 $E(X_1X_2)$.

10. 游客乘电梯从底层到电视塔顶层观光. 电梯于每个整点的第 5 分钟，25 分钟和

55 分钟从底层起行. 假设一游客在早 8 点的第 X 分钟到达底层候梯处，且 X 在$[0,60]$上均匀分布，求该游客等候时间的数学期望.

11. 已知(X,Y)的分布律为

X \ Y	-1	0	1
1	0.2	0.3	0
2	0.1	0	0.4

(1)求 $E(X)$，$E(Y)$；(2)设 $Z_1=\dfrac{Y}{X}$，求 $E(Z_1)$；(3)设 $Z_2=(X-Y)^2$，求 $E(Z_2)$.

12. 设随机变量 X_1,X_2,X_3 相互独立，其中 X_1 在$(0,6)$上服从均匀分布，X_2 服从正态分布 $N(0,2^2)$，X_3 服从参数为 3 的泊松分布，记 $Y=X_1-2X_2+3X_3$，求 $E(Y)$，$D(Y)$.

13. 设二维随机变量(X,Y)在区域 $D=\{(x,y)\,|\,0\leqslant x\leqslant 1,0\leqslant y\leqslant 1\}$上服从均匀分布. 求 $E(|X-Y|)$和 $D(|X-Y|)$.

14. 设随机变量(X,Y)服从二维正态分布，其概率密度为 $f(x,y)=\dfrac{1}{2\pi}\mathrm{e}^{-\frac{x^2+y^2}{2}}$，求 $Z=\sqrt{X^2+Y^2}$ 的数学期望和方差.

15. 设 A 和 B 是两个随机事件，且 $P(A)>0$，$P(B)>0$，并定义随机变量 X,Y 如下：

$$X=\begin{cases}1, & \text{若 } A \text{ 发生},\\ 0, & \text{若 } A \text{ 不发生},\end{cases}\qquad Y=\begin{cases}1, & \text{若 } B \text{ 发生},\\ 0, & \text{若 } B \text{ 不发生}.\end{cases}$$

证明：若 $\rho_{XY}=0$，则 X 和 Y 必定相互独立.

16. 设(X,Y)的概率密度为

$$f(x,y)=\begin{cases}kx, & 0<y<x<1,\\ 0, & \text{其他}.\end{cases}$$

试求：(1)系数 k；(2)$E(3X^3+1)$；(3)$E(X)$，$D(X)$；(4)协方差 $\mathrm{Cov}(X,Y)$；(5)ρ_{XY}.

17. 设二维随机变量(X,Y)的概率密度为

$$f(x,y)=\begin{cases}A\sin(x+y), & (x,y)\in G,\\ 0, & \text{其他},\end{cases}\quad \text{其中}\quad G:0\leqslant x\leqslant\frac{\pi}{2},0\leqslant y\leqslant\frac{\pi}{2}.$$

求：(1)系数 A；(2)数学期望 $E(X)$及 $E(Y)$；(3)方差 $D(X)$及 $D(Y)$；(4)相关系数 ρ_{XY}.

18. 已知随机变量 X 服从$(0,2)$上的均匀分布，$Y\sim N(2,3^2)$，$\rho_{XY}=\dfrac{1}{3}$，$Z=3X-2Y$，试求：(1)$E(Z)$，$D(Z)$；(2)说明 X,Z 是否相关；(3)若 $X\sim N(0,4)$，说明 X,Z 是否相互

独立.

19. 设随机变量 X 的概率密度为 $f(x)=\frac{1}{2}e^{-|x|}(-\infty<x<+\infty)$.

(1) 求 $E(X),D(X)$；

(2) 求 X 与 $|X|$ 的协方差,并问 X 与 $|X|$ 是否相关？

(3) 问 X 与 $|X|$ 是否相互独立？为什么？

第5章

条件数学期望和特征函数

CHAPTER 5

5.1 条件分布

5.1.1 二维离散型随机变量的条件分布

利用条件概率的定义,可以给出二维离散型随机变量的条件分布律.

定义 1 设(X,Y)为一离散型的二维随机变量,其分布律为

$$p_{ij}=P(X=x_i,Y=y_j),\quad i,j=1,2,\cdots.$$

对固定的j,若$p_{\cdot j}>0$,称

$$P(X=x_i\mid Y=y_j)=\frac{P(X=x_i,Y=y_j)}{P(Y=y_j)}=\frac{p_{ij}}{p_{\cdot j}},\quad i=1,2,\cdots$$

为在$Y=y_j$的条件下,随机变量X的**条件分布律**(conditional distribution law).

对固定的i,若$p_{i\cdot}>0$,称

$$P(Y=y_j\mid X=x_i)=\frac{P(X=x_i,Y=y_j)}{P(X=x_i)}=\frac{P_{ij}}{P_{i\cdot}},\quad j=1,2,\cdots$$

为在$X=x_i$的条件下,随机变量Y的条件分布律.

由分布律的性质,易知条件分布律有如下性质:

(1) $P(X=x_i\mid Y=y_j)\geqslant 0,P(Y=y_j\mid X=x_i)\geqslant 0$;

(2) $\sum\limits_{i=1}^{\infty}P(X=x_i\mid Y=y_j)=1,\sum\limits_{j=1}^{\infty}P(Y=y_j\mid X=x_i)=1.$

【例 1】 设随机变量 X 与 Y 的联合分布律为

X \ Y	1	2	3
3	$\frac{1}{10}$	$\frac{1}{5}$	$\frac{3}{10}$
4	$\frac{1}{5}$	$\frac{1}{10}$	$\frac{1}{10}$

求：(1)在 $Y=1$ 的条件下，X 的条件分布律；(2)在 $X=3$ 的条件下，Y 的条件分布律.

解 (1) 由题可知

$$P(Y=1)=\frac{1}{10}+\frac{1}{5}=\frac{3}{10},$$

$$P(X=3\mid Y=1)=\frac{P(X=3,Y=1)}{P(Y=1)}=\frac{1/10}{3/10}=\frac{1}{3},$$

$$P(X=4\mid Y=1)=\frac{P(X=4,Y=1)}{P(Y=1)}=\frac{1/5}{3/10}=\frac{2}{3},$$

即在 $Y=1$ 的条件下，X 的条件分布律为

X	3	4
$P(X=k\mid Y=1)$	$\frac{1}{3}$	$\frac{2}{3}$

(2) 由题可知

$$P(X=3)=\frac{1}{10}+\frac{1}{5}+\frac{3}{10}=\frac{6}{10}=\frac{3}{5},$$

$$P(Y=1\mid X=3)=\frac{P(X=3,Y=1)}{P(X=3)}=\frac{1/10}{3/5}=\frac{1}{6},$$

$$P(Y=2\mid X=3)=\frac{P(X=3,Y=2)}{P(X=3)}=\frac{1/5}{3/5}=\frac{1}{3},$$

$$P(Y=3\mid X=3)=\frac{P(X=3,Y=3)}{P(X=3)}=\frac{3/10}{3/5}=\frac{1}{2},$$

即在 $X=3$ 的条件下，Y 的条件分布律为

Y	1	2	3
$P(Y=k\mid X=3)$	$\frac{1}{6}$	$\frac{1}{3}$	$\frac{1}{2}$

【例 2】 一射手进行射击，击中目标的概率为 $p(0<p<1)$，射击到击中目标两次为止. 设以 X 表示首次击中目标所进行的射击次数，以 Y 表示总共进行的射击次数，试求 X 和 Y 的联合分布律及条件分布律.

解 按题意 $Y=n$ 就表示在第 n 次射击时击中目标，且在第 1 次，第 2 次，……，第 $n-1$ 次射击中恰有一次击中目标. 已知各次射击是相互独立的，于是不管 $m(m<n)$ 是多少，概率 $P(X=m,Y=n)$ 都应等于 $p\cdot p\cdot \underbrace{q\cdots q}_{n-2}=p^2q^{n-2}$，$q=1-p$，于是得 X 和 Y 的联合分布律为

$$P(X=m,Y=n)=p^2q^{n-2},\quad n=2,3,\cdots;\ m=1,2,\cdots,n-1.$$

又

$$P(X=m)=\sum_{n=m+1}^{\infty}P(X=m,Y=n)=\sum_{n=m+1}^{\infty}p^2q^{n-2}=p^2\sum_{n=m+1}^{\infty}q^{n-2}$$

$$=\frac{p^2q^{m-1}}{1-q}=pq^{m-1},\quad m=1,2,\cdots,n-1.$$

$$P(Y=n)=\sum_{m=1}^{n-1}P(X=m,Y=n)=\sum_{m=1}^{n-1}p^2q^{n-2}=(n-1)p^2q^{n-2},\quad n=2,3,\cdots.$$

于是得到所求的条件分布律为：

当 $n=2,3,\cdots$ 时，

$$P(X=m\mid Y=n)=\frac{p^2q^{n-2}}{(n-1)p^2q^{n-2}}=\frac{1}{n-1},\quad m=1,2,\cdots,n-1;$$

当 $m=1,2,\cdots,n-1$ 时，

$$P(Y=n\mid X=m)=\frac{p^2q^{n-2}}{pq^{m-1}}=pq^{n-m-1},\quad n=2,3,\cdots.$$

【例 3】 设在一段时间内进入某一商店的顾客人数 X 服从泊松分布 $P(\lambda)$，每个顾客购买某种物品的概率为 p，并且各个顾客是否购买该种物品相互独立，求进入商店的顾客购买这种物品的人数 Y 的分布律.

解 由题意知

$$P(X=m)=\frac{\lambda^m}{m!}e^{-\lambda},\quad m=0,1,2,\cdots.$$

在进入商店的人数 $X=m$ 的条件下，购买某种物品的人数 Y 的条件分布为二项分布 $b(m,p)$，即

$$P(Y=k\mid X=m)=C_m^k p^k(1-p)^{m-k},\quad k=0,1,2,\cdots,m.$$

由全概率公式有

$$P(Y=k)=\sum_{m=k}^{m}P(X=m)P(Y=k\mid X=m)$$

$$= \sum_{m=k}^{\infty} \frac{\lambda^m}{m!} e^{-\lambda} \cdot \frac{m!}{k!(m-k)!} p^k (1-p)^{m-k}$$

$$= e^{-\lambda} \sum_{m=k}^{\infty} \frac{\lambda^m}{k!(m-k)!} p^k (1-p)^{m-k} = e^{-\lambda} \frac{(\lambda p)^k}{k!} \sum_{m=k}^{\infty} \frac{[(1-p)\lambda]^{m-k}}{(m-k)!} = \frac{(\lambda p)^k}{k!} e^{-\lambda} e^{\lambda(1-p)}$$

$$= \frac{(\lambda p)^k}{k!} e^{-\lambda} e^{\lambda(1-p)} = \frac{(\lambda p)^k}{k!} e^{-\lambda p}, \quad k = 0,1,2,\cdots.$$

即 Y 服从参数为 λp 的泊松分布.

这个例子告诉我们：在直觉寻求 Y 的分布有困难时，有时借助条件分布可把困难克服了.

5.1.2 二维连续型随机变量的条件分布

对于二维随机变量 (X,Y)，有时需要考虑其中一个随机变量取定值的条件下，另一个随机变量的概率分布问题，这就是随机变量的条件分布.

定义 2 设 (X,Y) 是二维随机变量，其概率密度 $f(x,y)$ 在 (x,y) 处连续，边缘概率密度 $f_Y(y)$ 连续且 $f_Y(y)>0$，则称 $\frac{f(x,y)}{f_Y(y)}$ 为在 $Y=y$ 条件下 X 的**条件概率密度**(conditional probability density)，记为

$$f_{X|Y}(x \mid y) = \frac{f(x,y)}{f_Y(y)}.$$

称 $\int_{-\infty}^{x} f_{X|Y}(x \mid y) dx = \int_{-\infty}^{x} \frac{f(x,y)}{f_Y(y)} dx$ 为在 $Y=y$ 的条件下，随机变量 X 的**条件分布函数**(conditional distribution function)，记作 $P(X \leqslant x \mid Y=y)$ 或 $F_{X|Y}(x \mid y)$，即

$$F_{X|Y}(x \mid y) = P(X \leqslant x \mid Y=y) = \int_{-\infty}^{x} \frac{f(x,y)}{f_Y(y)} dx.$$

类似地可定义在 $X=x$ 条件下，Y 的条件概率密度为

$$f_{Y|X}(y \mid x) = \frac{f(x,y)}{f_X(x)}.$$

称 $\int_{-\infty}^{y} f_{Y|X}(y \mid x) dy = \int_{-\infty}^{y} \frac{f(x,y)}{f_X(x)} dy$ 为在 $X=x$ 的条件下，随机变量 Y 的**条件分布函数**(conditional distribution function)，记作 $P(Y \leqslant y \mid X=x)$ 或 $F_{Y|X}(y \mid x)$，即

$$F_{Y|X}(y \mid x) = P(Y \leqslant y \mid X=x) = \int_{-\infty}^{y} \frac{f(x,y)}{f_X(x)} dy.$$

【例 4】 设二维随机变量 (X,Y) 在圆域 $x^2+y^2 \leqslant 1$ 上服从均匀分布，求条件概率密度 $f_{X|Y}(x|y)$，$f_{Y|X}(y|x)$.

解 由假设知，(X,Y)的概率密度为

$$f(x,y)=\begin{cases}\dfrac{1}{\pi}, & x^2+y^2\leqslant 1,\\ 0, & \text{其他}.\end{cases}$$

由 3.3 节例 3 中已求得(X,Y)关于 X 和关于 Y 的边缘概率密度为

$$f_X(x)=\begin{cases}\dfrac{2}{\pi}\sqrt{1-x^2}, & |x|<1,\\ 0, & |x|\geqslant 1;\end{cases}\qquad f_Y(y)=\begin{cases}\dfrac{2}{\pi}\sqrt{1-y^2}, & |y|<1,\\ 0, & |y|\geqslant 1.\end{cases}$$

则当$|y|<1$时，有

$$f_{X|Y}(x\mid y)=\frac{f(x,y)}{f_Y(y)}=\begin{cases}\dfrac{\frac{1}{\pi}}{\frac{2}{\pi}\sqrt{1-y^2}}, & |x|\leqslant\sqrt{1-y^2},\\ 0, & \text{其他}.\end{cases}$$

$$=\begin{cases}\dfrac{1}{2\sqrt{1-y^2}}, & |x|\leqslant\sqrt{1-y^2},\\ 0, & \text{其他}.\end{cases}$$

同理，当$|x|<1$时，有

$$f_{Y|X}(y\mid x)=\frac{f(x,y)}{f_X(x)}=\begin{cases}\dfrac{1}{2\sqrt{1-x^2}}, & |y|\leqslant\sqrt{1-x^2},\\ 0, & \text{其他}.\end{cases}$$

【例 5】 求二维正态分布随机变量$(X,Y)\sim N(\mu_1,\sigma_1^2;\ \mu_2,\sigma_2^2;\ \rho)$的条件概率密度$f_{X|Y}(x|y),f_{Y|X}(y|x)$.

解 (X,Y)的概率密度为

$$f(x,y)=\frac{1}{2\pi\sigma_1\sigma_2\sqrt{1-\rho^2}}e^{-\frac{1}{2(1-\rho^2)}\left[\frac{(x-\mu_1)^2}{\sigma_1^2}-2\rho\frac{(x-\mu_1)(y-\mu_2)}{\sigma_1\sigma_2}+\frac{(y-\mu_2)^2}{\sigma_2^2}\right]},$$

其中 $\mu_1,\mu_2,\sigma_1,\sigma_2,\rho$ 都是常数，$\sigma_1>0,\sigma_2>0,|\rho|<1,x,y$ 是任意实数.

由 3.3 节例 4 求得 X,Y 的边缘概率密度分别为

$$f_X(x)=\frac{1}{\sqrt{2\pi}\sigma_1}e^{-\frac{(x-\mu_1)^2}{2\sigma_1^2}},\quad -\infty<x<+\infty,$$

$$f_Y(y)=\frac{1}{\sqrt{2\pi}\sigma_2}e^{-\frac{(y-\mu_2)^2}{2\sigma_2^2}},\quad -\infty<y<+\infty,$$

即 X 服从正态分布 $N(\mu_1,\sigma_1^2)$，Y 服从正态分布 $N(\mu_2,\sigma_2^2)$. 于是，由条件概率密度的定义得：

在 $X=x$ 的条件下，随机变量 Y 的**概率密度**为

$$f_{Y|X}(y \mid x)=\frac{f(x,y)}{f_X(x)}=\frac{1}{\sigma_2\sqrt{2\pi(1-\rho^2)}}\mathrm{e}^{-\frac{1}{2(1-\rho^2)\sigma_2^2}\left[(y-\mu_2)-\rho\sigma_2\frac{x-\mu_1}{\sigma_1}\right]^2}.$$

在 $X=x$ 的条件下，随机变量 Y 的条件分布为

$$N\left(\mu_2+\rho\sigma_2\frac{x-\mu_1}{\sigma_1},(1-\rho^2)\sigma_2^2\right).$$

又根据对称性得

在 $Y=y$ 条件下，随机变量 X 的**概率密度**为

$$f_{X|Y}(x \mid y)=\frac{f(x,y)}{f_Y(y)}=\frac{1}{\sigma_1\sqrt{2\pi(1-\rho^2)}}\mathrm{e}^{-\frac{1}{2(1-\rho^2)\sigma_1^2}\left[(x-\mu_1)-\rho\sigma_1\frac{y-\mu_2}{\sigma_2}\right]^2}.$$

在 $Y=y$ 条件下，随机变量 X 的条件分布为

$$N\left(\mu_1+\rho\sigma_1\frac{y-\mu_2}{\sigma_2},(1-\rho^2)\sigma_1^2\right).$$

二维正态分布 $(X,Y)\sim N(\mu_1,\sigma_1^2;\ \mu_2,\sigma_2^2;\ \rho)$ 的条件分布仍然服从正态分布.

习题 5.1

1. 以 X 记某医院一天内诞生婴儿的个数，以 Y 记其中男婴的个数. X 与 Y 的联合分布律为

$$P(X=n,Y=m)=\frac{\mathrm{e}^{-14}(7.14)^m(6.86)^{n-m}}{m!(n-m)!},\quad m=0,1,\cdots,n,\quad n=0,1,2,\cdots.$$

试求条件分布律 $P(Y=m|X=n)$.

2. 已知 (X,Y) 的联合分布律如下：

$$P(X=1,Y=1)=P(X=2,Y=1)=\frac{1}{8},$$

$$P(X=1,Y=2)=\frac{1}{4},\quad P(X=2,Y=2)=\frac{1}{2}.$$

试求：

(1) 已知 $Y=i$ 的条件下，X 的条件分布律 $(i=1,2)$；

(2) X 与 Y 是否相互独立？

3. 已知随机变量 X 服从参数为 0.4 的两点分布.

X	0	1
$P(X=x_i)$	0.6	0.4

在 $X=0$ 和 $X=1$ 的条件下，Y 的条件分布律分别为

Y	0	1	2
$P(Y\|X=0)$	0.4	0.4	0.2

Y	0	1	2
$P(Y\|X=1)$	0.3	0.3	0.4

求：(1)(X,Y)的联合分布；(2)在$Y=1$的条件下X的条件分布律.

4. 设随机变量X与Y相互独立，且$X\sim P(\lambda_1)$，$Y\sim P(\lambda_2)$. 在已知$X+Y=n$的情况下，求X的条件分布.

5. 设(X,Y)的联合概率密度为

$$f(x,y)=\begin{cases}24y(1-x-y), & x,y>0\text{ 且 }x+y<1,\\ 0, & \text{其他}.\end{cases}$$

求：(1) 在$X=0.5$条件下Y的条件概率密度；

(2) 在$Y=0.5$条件下X的条件概率密度.

6. 设(X,Y)的联合概率密度为

$$f(x,y)=\begin{cases}a\mathrm{e}^{-(2x+y)}, & x>0,y>0,\\ 0, & \text{其他}.\end{cases}$$

(1) 确定常数a；

(2) 求$f_{X|Y}(x|y)$及$f_{X|Y}(y|x)$并判断X,Y的相互独立性.

5.2 条件数学期望

条件数学期望在概率论、数理统计、随机过程中是一个很重要的概念，在实际应用中起着相当重要的作用.

5.2.1 条件数学期望的定义

定义1 (1) 设(X,Y)是离散型随机变量，在条件$Y=y_j$下X的条件分布律为

$$p(X=x_i\mid Y=y_j)=\frac{P(X=x_i,Y=y_j)}{P(Y=y_j)}=\frac{p_{ij}}{p_{\cdot j}},\quad i=1,2,\cdots.$$

若$\sum\limits_{i=1}^{\infty}x_iP(X=x_i\mid Y=y_j)$绝对收敛，则称之为$X$在条件$Y=y_j$下的条件数学期望，

记作

$$E(X \mid Y=y_j)\text{，即 } E(X \mid Y=y_j)=\sum_{i=1}^{\infty} x_i P(X=x_i \mid Y=y_j), \quad j=1,2,\cdots.$$

类似地，可以定义 Y 在条件 $X=x_i$ 下的条件数学期望

$$E(Y \mid X=x_i)=\sum_{j=1}^{\infty} y_j P(Y=y_j \mid X=x_i), \quad i=1,2,\cdots.$$

(2) 设 (X,Y) 有联合密度 $f(x,y)$，对满足 $f_Y(y)>0$，在条件 $Y=y$ 时 X 的概率密度为

$$f_{x|y}(x \mid y)=\frac{f(x,y)}{f_Y(y)}.$$

若 $E(X \mid Y=y)=\int_{-\infty}^{\infty} x f_{x|y}(x \mid y)\mathrm{d}x$ 绝对收敛，则称之为 X 在条件 $Y=y$ 下的条件数学期望，记作 $E(X \mid Y=y)$，即

$$E(X \mid Y=y)=\int_{-\infty}^{\infty} x f_{x|y}(x \mid y)\mathrm{d}x.$$

类似地，可以定义 Y 在条件 $X=x$ 下的条件数学期望

$$E(Y \mid X=x)=\int_{-\infty}^{\infty} y f_{y|x}(y \mid x)\mathrm{d}y.$$

【例 1】 设二维随机变量 (X,Y) 的概率分布律为

X \ Y	-2	-1	0	1
0	0.05	0.05	0.45	0.25
1	0.10	0.05	0.05	0

求 $E(Y|X=0)$，$E(X|Y=-2)$.

解

$$P(X=0)=0.05+0.05+0.45+0.15=0.80,$$
$$P(Y=-2)=0.10+0.05=0.15$$

在 $X=0$ 条件下，Y 的条件概率分布律为

Y	-2	-1	0	1
$P(Y\|X=0)$	$\frac{1}{16}$	$\frac{1}{16}$	$\frac{9}{16}$	$\frac{5}{16}$

在 $Y=-2$ 的条件下，X 的条件概率分布律为

X	0	1
$P(X\mid Y=-2)$	$\frac{1}{3}$	$\frac{2}{3}$

于是

$$E(Y\mid X=0)=-2\times\frac{1}{16}-\frac{1}{16}+0+\frac{5}{16}=\frac{3}{8},$$

$$E(X\mid Y=-2)=0+\frac{2}{3}=\frac{2}{3}.$$

【例 2】 设二维随机变量(X,Y)的联合概率密度为

$$f(x,y)=\begin{cases}x+y, & 0<x,y<1,\\ 0, & \text{其他}.\end{cases}$$

求$E(X|Y=0.5)$.

解 Y的边缘概率密度

$$f_Y(y)=\int_{-\infty}^{+\infty}f(x,y)\mathrm{d}x=\int_0^1(x+y)\mathrm{d}x=\frac{1}{2}+y\quad(0<y<1),$$

$$E(X\mid Y=0.5)=\int_{-\infty}^{+\infty}xf_{X|Y}(x\mid y=0.5)\mathrm{d}x=\int_0^1 x\frac{f(x,0.5)}{f_Y(0.5)}\mathrm{d}x$$

$$=\int_0^1 x\frac{x+0.5}{1}\mathrm{d}x=\frac{7}{12}.$$

可以看出,$E(X|Y=y)$是y的函数$\varphi(y)$,把y换成Y,从而$\varphi(Y)$是随机变量.因为$\varphi(y)$是已知$Y=y$时X的数学期望,所以$\varphi(Y)$是已知Y时X的数学期望,简称为$X|Y$的数学期望,记作$E(X|Y)$.

要计算条件数学期望$E(X|Y)$,只需要先计算$E(X|Y=y)$,然后把计算结果中的y换成Y即可.

【例 3】 设二维正态分布随机变量$(X,Y)\sim N(\mu_1,\sigma_1^2;\mu_2,\sigma_2^2;\rho)$,求$E(X|Y)$和$E(Y|X)$.

解 由5.2节例5知在$X=x$的条件下,随机变量Y的条件分布为

$$N\left(\mu_2+\rho\sigma_2\frac{x-\mu_1}{\sigma_1},(1-\rho^2)\sigma_2^2\right).$$

这个条件分布是数学期望为$\mu_2+\rho\sigma_2\frac{x-\mu_1}{\sigma_1}$,方差为$(1-\rho^2)\sigma_2^2$的正态分布,所以在$X=x$的条件下,随机变量$Y$的条件数学期望是

$$E(Y\mid X=x)=\mu_2+\rho\sigma_2\frac{x-\mu_1}{\sigma_1},\quad\text{即}\quad E(Y\mid X)=\mu_2+\rho\sigma_2\frac{X-\mu_1}{\sigma_1}.$$

同理,在$Y=y$条件下,随机变量X的条件分布为

$$N\left(\mu_1+\rho\sigma_1\frac{y-\mu_2}{\sigma_2},(1-\rho^2)\sigma_1^2\right).$$

在 $Y=y$ 条件下，随机变量 X 的条件数学期望是

$$E(X\mid Y=y)=\mu_1+\rho\sigma_1\frac{y-\mu_2}{\sigma_2},\quad 即\quad E(X\mid Y)=\mu_1+\rho\sigma_1\frac{Y-\mu_2}{\sigma_2}.$$

5.2.2 条件数学期望的性质

因为 $E(\cdot\mid Y=y)$是在条件 $Y=y$ 下对"·"求数学期望,等价于在新的概率空间中求数学期望,所以和 $E(\cdot)$有相同的数学性质.同样,因为 $E(\cdot\mid Y)$是在条件 Y 下对"·"求数学期望,所以也有和 $E(\cdot)$相同的数学性质.

设 $X,X_1,X_2,\cdots,X_n$ 的数学期望存在,$h(y)$是实函数,则对任何随机变量 Y 有下面的一些性质.

性质1 $E\left(c_0+\sum\limits_{j=1}^{n}c_jX_j\mid Y\right)=c_0+\sum\limits_{j=1}^{n}c_jE(X_j\mid Y).$

证明 $E(\cdot\mid Y=y)$也是对"·"求数学期望,所以由数学期望的性质得到

$$E\left(c_0+\sum_{j=1x}^{n}c_jX_j\mid Y=y\right)=c_0+\sum_{j=1}^{n}c_jE(X_j\mid Y=y).$$

将 $Y=y$ 都换成 Y 得到结论性质1.

性质2 $E[h(Y)X|Y]=h(Y)E(X|Y).$

证明 由 $E(h(Y)X|Y=y)=E(h(y)X|Y=y)=h(y)E(X|Y=y)$,得到性质2.

性质3(全期望公式)

(1) 设(X,Y)为离散型随机变量,分布律为 $P\{X=x_i,Y=y_j\}=p_{ij}(i,j=1,2,\cdots)$,则

$$E(X)=E[E(X\mid Y)]=\sum_{j=1}^{+\infty}E(X\mid Y=y_j)P\{Y=y_j\},$$

$$E(Y)=E[E(Y\mid X)]=\sum_{i=1}^{+\infty}E(Y\mid X=x_i)P\{X=x_i\}.$$

(2) 设为连续型随机变量,概率密度为 $f(x,y)$,则

$$E(X)=E[E(X\mid Y)]=\int_{-\infty}^{+\infty}E(X\mid Y=y)f_Y(y)\mathrm{d}y,$$

$$E(Y)=E[E(Y\mid X)]=\int_{-\infty}^{+\infty}E(Y\mid X=x)f_X(x)\mathrm{d}x.$$

证明 (1) 当(X,Y)为离散型随机变量时,有

$$\sum_{j=1}^{+\infty}E(X\mid Y=y_j)P\{Y=y_j\}$$

$$= \sum_{j=1}^{+\infty}\Big[\sum_{i=1}^{+\infty}x_iP\{X=x_i \mid Y=y_j\}\Big]P\{Y=y_j\}$$

$$= \sum_{j=1}^{+\infty}\sum_{i=1}^{+\infty}x_iP\{X=x_i \mid Y=y_j\}P\{Y=y_j\}$$

$$= \sum_{j=1}^{+\infty}\sum_{i=1}^{+\infty}x_iP\{X=x_i,Y=y_j\} = \sum_{i=1}^{+\infty}x_i\Big[\sum_{j=1}^{+\infty}P\{X=x_i,Y=y_j\}\Big]$$

$$= \sum_{i=1}^{+\infty}x_iP\{X=x_i\} = E(X).$$

类似地可证明 $\sum_{i=1}^{+\infty}E(Y \mid X=x_i)P\{X=x_i\} = E(Y)$.

(2) 当(X,Y)为连续型随机变量时，有

$$\int_{-\infty}^{+\infty}E(X \mid Y=y)f_Y(y)\mathrm{d}y = \int_{-\infty}^{+\infty}\Big[\int_{-\infty}^{+\infty}xf_{X|Y}(x \mid y)\mathrm{d}x\Big]f_Y(y)\mathrm{d}y$$

$$= \int_{-\infty}^{+\infty}\int_{-\infty}^{+\infty}xf_{X|Y}(x \mid y)f_Y(y)\mathrm{d}x\mathrm{d}y$$

$$= \int_{-\infty}^{+\infty}\int_{-\infty}^{+\infty}xf(x,y)\mathrm{d}x\mathrm{d}y$$

$$= \int_{-\infty}^{+\infty}\mathrm{d}x\int_{-\infty}^{+\infty}xf(x,y)\mathrm{d}y$$

$$= \int_{-\infty}^{+\infty}\Big[x\int_{-\infty}^{+\infty}f(x,y)\mathrm{d}y\Big]\mathrm{d}x = \int_{-\infty}^{+\infty}xf_X(x)\mathrm{d}x$$

$$= E(X).$$

类似地可证明$\int_{-\infty}^{+\infty}E(Y \mid X=x)f_X(x)\mathrm{d}x = E(Y)$.

【例 4】(窃贼问题)　一个窃贼在一个藏宝的黑暗山洞中无法辨别方向，他可以用手摸到三个门，第一个门通向一条通道走 2h 后可到达地面. 而沿第二个门的通道走 3h 后重回山洞中，沿第三个门的通道走 5h 后也重回山洞，由于在黑暗中无法正确记忆，他总是等可能在三个门中任意选择一个. 问他平均要花多少时间才能到达地面？

解　将他到达地面所用的时间记为 Y，这是一个随机变量. 我们用另一个随机变量 X 表示窃贼选择的门(设其编号为 1,2,3)，由全期望公式有

$$E(Y) = \frac{1}{3}[E(Y \mid X=1) + E(Y \mid X=2) + E(Y \mid X=3)].$$

由假定 $E(Y|X=1)=2$，而在给定 $X=2$ 时，可得 $Y=3+Y'$，其中随机变量 Y' 表示窃贼重回山洞后，再找到地面所需附加的时间. 但是，当窃贼一旦回到了山洞，就重复面临之前的情形了，这就是说 Y 与 Y' 应该有相同的分布，所以

$$E(Y \mid X=2) = E(3+Y') = 3+E(Y).$$

类似的，还有

$$E(Y \mid X=3)=5+E(Y).$$

于是

$$E(Y)=\frac{1}{3}\times 2+\frac{1}{3}(3+E(Y))+\frac{1}{3}(5+E(Y)).$$

由此解得 $E(Y)=10$.

【例 5】 设电力公司每月可以供应某工厂的电力 X 服从(10,30)(单位：10^4 kW)上的均匀分布，而该厂每月实际需要的电力 Y 服从(10,20)(单位：10^4 kW)上的均匀分布. 如果工厂能从电力公司得到足够的电力，则每 10^4 kW 电可以创造 30 万元的利润，若工厂从电力公司得不到足够的电力，则不足部分由工厂通过其他途径解决，由其他途径得到的电力每 10^4 kW 电只有 10 万元的利润. 试求该厂每个月的平均利润.

解 从题意知，每月供应电力 $X\sim U(10,30)$，而工厂实际需要电力 $Y\sim U(10,20)$.

若设工厂每个月的利润为 Z 万元，则按题意可得

$$Z=\begin{cases}30Y, & 当\ Y\leqslant X,\\ 30X+10(Y-X), & 当\ Y>X.\end{cases}$$

当 $X=x$ 给定时，Z 仅是 Y 的函数，于是当 $10\leqslant x<20$ 时，Z 的条件期望为

$$\begin{aligned}E(Z \mid X=x)&=\int_{10}^{x}30yf_Y(y)\mathrm{d}y+\int_{x}^{20}(10y+20x)f_Y(y)\mathrm{d}y\\&=\int_{10}^{x}30y\frac{1}{10}\mathrm{d}y+\int_{x}^{20}(10y+20x)\frac{1}{10}\mathrm{d}y\\&=\frac{3}{2}(x^2-100)+\frac{1}{2}(20^2-x^2)+2x(20-x)\\&=50+40x-x^2.\end{aligned}$$

当 $20\leqslant x\leqslant 30$ 时，Z 的条件期望为

$$E(Z \mid X=x)=\int_{10}^{20}30yf_Y(y)\mathrm{d}y=\int_{10}^{20}30y\frac{1}{10}\mathrm{d}y=450.$$

然后用 X 的分布对条件期望 $E(Z|X=x)$ 再作一次平均，即得

$$\begin{aligned}E(Z)&=E(E(Z \mid X))\\&=\int_{10}^{20}E(Z \mid X=x)f_X(x)\mathrm{d}x+\int_{20}^{30}E(Z \mid X=x)f_X(x)\mathrm{d}x\\&=\frac{1}{20}\int_{10}^{20}(50+40x-x^2)\mathrm{d}x+\frac{1}{20}\int_{20}^{30}450\mathrm{d}x\\&=25+300-\frac{700}{6}+225\approx 433.\end{aligned}$$

所以该厂每月的平均利润为 433 万元.

求期望有时候利用条件期望会使问题简化.

性质 4 设(X,Y)为二维随机变量，$g(X)$为可积随机变量，则有

$$E[E(g(X)\mid Y)]=E[g(X)].$$

证明 假设(X,Y)是连续型，有联合的概率密度 $f(x,y)$，设 $\varphi(Y)=E(g(X)|Y)$，则

$$\begin{aligned}E[E(g(X)\mid Y)]&=\int_{-\infty}^{+\infty}\varphi(y)f_Y(y)\mathrm{d}y\\&=\int_{-\infty}^{+\infty}E(g(X)\mid Y=y)f_Y(y)\mathrm{d}y\\&=\int_{-\infty}^{+\infty}\left[\int_{-\infty}^{+\infty}g(x)f_{X|Y}(x\mid y)\mathrm{d}x\right]f_Y(y)\mathrm{d}y\\&=\int_{-\infty}^{+\infty}\int_{-\infty}^{+\infty}g(x)f(x,y)\mathrm{d}x\mathrm{d}y\\&=E[g(X)].\end{aligned}$$

习题 5.2

1. 设随机变量 X 与 Y 的联合分布律为

X \ Y	1	2	3
-1	0.10	0.05	0.10
1	0.10	0.05	0.10
2	0.20	0.10	0.20

(1)求 $E(X|Y=2)$；(2)$E(Y|X=1)$；(3)验证 $E[E(Y|X)]=E(Y)$.

2. 假设一个人走在迷宫，面前有三条路，如果他选择走第一条路，则它可以在 3min 后从迷宫走出，若他选择走第二条路，则它可以在 5min 后回到原地；若他选择走第三条路，则他可以在 7min 后返回原地. 假设此人每次都只能随机地选择一条路，问此人离开迷宫平均需要多长时间？

3. 设随机变量(X,Y)的概率密度为

$$f(x,y)=\begin{cases}\dfrac{6}{(x+y+1)^2}, & x>0,y>0,\\ 0, & \text{其他}.\end{cases}$$

(1)求 $E(X|y)$；(2)验证 $E[E(X|Y)]=E(X)$.

4. 设随机变量 X 的概率密度为

$$f(x)=\lambda^2 x\mathrm{e}^{-\lambda x},\quad x>0.$$

随机变量 Y 在区间 $(0,x)$ 上服从均匀分布. 试求 $E(Y|X)$ 及 $E(Y)$.

5.3 特征函数

数字特征都是反映概率分布的某些侧面,一般不能通过它们完全确定分布函数. 而特征函数是研究随机变量分布函数的一个重要工具,由于分布函数与特征函数之间存在一一对应关系,因此在得知随机变量的特征函数之后,就可以知道它的分布函数,用特征函数求分布比直接求分布容易得多,而且特征函数具有良好的分析性质.

5.3.1 特征函数的定义

为了介绍随机变量的特征函数,需要介绍复值随机变量及其数学期望.

定义 1 如果 X,Y 是随机变量,$\mathrm{i}=\sqrt{-1}$,则称

$$Z = X + \mathrm{i}Y$$

是复值随机变量. 如果 $E(X)$,$E(Y)$ 存在,则称 Z 的数学期望存在,且定义 Z 的数学期望为

$$E(Z) = E(X) + \mathrm{i}E(Y).$$

对于实值随机变量 X,因为 $\sin(tx)$ 和 $\cos(tx)$ 的数学期望都存在,所以

$$\mathrm{e}^{\mathrm{i}tx} = \cos(tx) + \mathrm{i}\sin(tx)$$

的数学期望存在.

定义 2 设 X 为随机变量,$t\in\mathbb{R}$,称 $\varphi(t)=E(\mathrm{e}^{\mathrm{i}tX})$ 为 X 的特征函数.

由定义 2 知,特征函数 $\varphi(t)$ 是实变量 t 的复值函数,因为 $|\mathrm{e}^{\mathrm{i}tX}|=1$,所以 $E(\mathrm{e}^{\mathrm{i}tx})$ 总是存在的,即任一随机变量的特征函数总是存在的.

如果 X 是离散型随机变量,分布律为 $P(X=x_k)=p_k(k=1,2,\cdots)$,有

$$\varphi(t) = \sum_{k=1}^{\infty}\mathrm{e}^{\mathrm{i}tx_k}p_k.$$

如果 X 是连续型随机变量,概率密度为 $f(x)$,有

$$\varphi(t) = \int_{-\infty}^{+\infty}\mathrm{e}^{\mathrm{i}tx}f(x)\mathrm{d}x,$$

从而

$$f(x) = \frac{1}{2\pi}\int_{-\infty}^{+\infty}\mathrm{e}^{-\mathrm{i}tx}\varphi(t)\mathrm{d}t.$$

【例 1】 设 $X\sim B(n,p)$,求 X 的特征函数 $\varphi(t)$.

解 $\varphi(t)=E(\mathrm{e}^{\mathrm{i}tX})=\sum\limits_{k=1}^{n}\mathrm{e}^{\mathrm{i}tk}C_n^k p^k(1-p)^{n-k}=\sum\limits_{k=0}^{n}C_n^k(p\mathrm{e}^{\mathrm{i}t})^k q^{n-k}=(p\mathrm{e}^{\mathrm{i}t}+q)^n$,

其中 $q=1-p$.

【例 2】 设 X 服从泊松分布,求 X 的特征函数 $\varphi(t)$.

解 X 的概率分布律为

$$P(X=k)=\frac{\lambda^k}{k!}\mathrm{e}^{-\lambda},\quad k=0,1,\cdots,$$

其特征函数为

$$\varphi(t)=\sum_{k=0}^{\infty}\mathrm{e}^{\mathrm{i}kt}\frac{\lambda^k}{k!}\mathrm{e}^{-\lambda}=\mathrm{e}^{-\lambda}\mathrm{e}^{\lambda\mathrm{e}^{\mathrm{i}t}}=\mathrm{e}^{\lambda(\mathrm{e}^{\mathrm{i}t}-1)}.$$

【例 3】 设 $X\sim U(-1,1)$,求 X 的特征函数 $\varphi(t)$.

解 $\varphi(t)=\frac{1}{2}\int_{-1}^{1}\cos tx\,\mathrm{d}x+\frac{\mathrm{i}}{2}\int_{-1}^{1}\sin tx\,\mathrm{d}x=\frac{\sin t}{t}$.

【例 4】 设 $X\sim N(0,1)$,求 X 的特征函数 $\varphi(t)$.

解 $\varphi(t)=E(\mathrm{e}^{\mathrm{i}tx})=\frac{1}{\sqrt{2\pi}}\int_{-\infty}^{+\infty}\mathrm{e}^{\mathrm{i}tx-\frac{x^2}{2}}\mathrm{d}x$.

由于

$$\begin{aligned}\varphi'(t)&=\frac{1}{\sqrt{2\pi}}\int_{-\infty}^{+\infty}\mathrm{i}x\mathrm{e}^{\mathrm{i}tx-\frac{x^2}{2}}\mathrm{d}x=\frac{\mathrm{i}}{\sqrt{2\pi}}\int_{-\infty}^{+\infty}\mathrm{e}^{\mathrm{i}tx}\mathrm{d}\left(-\mathrm{e}^{-\frac{x^2}{2}}\right)\\&=-\frac{\mathrm{i}}{\sqrt{2\pi}}\mathrm{e}^{\mathrm{i}tx-\frac{x^2}{2}}\Big|_{x=-\infty}^{+\infty}-\frac{t}{\sqrt{2\pi}}\int_{-\infty}^{+\infty}\mathrm{e}^{\mathrm{i}tx-\frac{x^2}{2}}\mathrm{d}x=-t\varphi(t).\end{aligned}$$

于是得

$$\varphi'(t)+t\varphi(t)=0.$$

解这个微分方程得

$$\varphi(t)=c\mathrm{e}^{-\frac{1}{2}t^2}.$$

又由 $\varphi(0)=1$ 得 $c=1$,于是特征函数为

$$\varphi(t)=\mathrm{e}^{-\frac{1}{2}t^2}.$$

5.3.2 随机变量的特征函数的性质

性质 1 $|\varphi(t)|\leqslant\varphi(0)=1$.

证明 (以连续型为例)

$$|\varphi(t)|=E(\mathrm{e}^{\mathrm{i}tx})=\left|\int_{-\infty}^{+\infty}\mathrm{e}^{\mathrm{i}tx}f(x)\mathrm{d}x\right|$$

$$\leqslant \int_{-\infty}^{+\infty} | e^{itx} | f(x)dx = \int_{-\infty}^{+\infty} f(x)dx = \varphi(0) = 1.$$

即 $|\varphi(t)| \leqslant \varphi(0)=1$.

性质 2 $\varphi(-t)=\overline{\varphi(t)}$.

证明 $\varphi(t)=E(e^{itx})=E[\cos(tx)+i\sin(tx)]=E[\cos(tx)]+iE[\sin(tx)]$.

$\varphi(-t)=E[\cos(-tx)]+iE[\sin(-tx)]$

$=E[\cos(tx)]-iE[\sin(tx)]=\overline{\varphi(t)}$ （$\overline{\varphi(t)}$为 $\varphi(t)$的共轭）.

性质 3 设随机变量 X 的特征函数为 $\varphi_X(t)$，$Y=aX+b$，其中 a,b 为任意实数，证明：Y 的特征函数为 $\varphi_Y(t)=e^{itb}\varphi_X(at)$.

证明 $\varphi_Y(t)=E[e^{it(aX+b)}]=e^{ibt}E[e^{i(at)X}]=e^{ibt}\varphi_X(at)$.

【例 5】 设随机变量 $Y\sim N(\mu,\sigma)$，求 Y 的特征函数 $\varphi_Y(t)$.

解 设 $X\sim N(0,1)$，由例 4 得 X 的特征函数为

$$\varphi(t) = e^{-\frac{1}{2}t^2}.$$

由于 $Y=\sigma X+\mu$，由性质 3 得

$$\varphi_Y(t) = e^{i\mu t}\varphi_X(\sigma t) = e^{i\mu t}e^{-\frac{\sigma^2 t^2}{2}} = e^{i\mu t-\frac{\sigma^2 t^2}{2}}.$$

【例 6】 设 $Y\sim U(a,b)$，求 Y 特征函数 $\varphi_Y(t)$.

解 设 $Y=\dfrac{a+b}{2}+\dfrac{b-a}{2}X$，$X\sim U(-1,1)$，则

$$\varphi_X(t) = \frac{\sin t}{t} \quad （补充 \varphi_X(0) = 1）.$$

由性质 3 得

$$\varphi_Y(t) = e^{i\frac{a+b}{2}}\varphi_X(t) = \frac{e^{ibt} - e^{iat}}{it(b-a)}.$$

性质 4 若随机变量 X 的 n 阶原点矩 $E(X^n)$存在，则 X 的特征函数 $\varphi(t)$可 n 次可微，且当 $k\leqslant n$ 时，$\varphi^{(k)}(t)=i^k E(X^k)$.

这一性质根据特征函数的定义和复变函数的知识可以很容易证明.

性质 5 特征函数 $\varphi(t)$在$(-\infty,+\infty)$上一致连续.

证明 设 X 为连续型随机变量(离散性随机变量的证明是类似的)，其概率密度为 $f(x)$，则对于任意的实数 t,h 和任意正数 $a>0$，有

$$\begin{aligned}|\varphi(t+h)-\varphi(t)| &= \left|\int_{-\infty}^{+\infty}(e^{ihx}-1)e^{itx}f(x)dx\right| \\ &\leqslant \int_{-\infty}^{+\infty} | e^{ihx}-1 | f(x)dx \\ &\leqslant 2\int_{|x|\geqslant a} f(x)dx + \int_{-a}^{+a} | e^{ihx}-1 | f(x)dx.\end{aligned}$$

$$|\varphi(t+h)-\varphi(t)|\leqslant 2\int_{|x|\geqslant a}f(x)\mathrm{d}x+2\int_{-a}^{+a}\left|\sin\frac{hx}{2}\right|f(x)\mathrm{d}x.$$

对任意的 $\varepsilon>0$，先取定一个充分大的 a，使得

$$2\int_{|x|\geqslant a}f(x)\mathrm{d}x<\frac{\varepsilon}{2},$$

然后对任意的 $x\in[-a,a]$，只要取 $\delta=\dfrac{\varepsilon}{2a}$，则当 $|h|<\delta$ 时，便有

$$|\mathrm{e}^{\mathrm{i}hx}-1|=|\mathrm{e}^{\mathrm{i}\frac{h}{2}x}(\mathrm{e}^{\mathrm{i}\frac{h}{2}x}-\mathrm{e}^{-\mathrm{i}\frac{h}{2}x})|=2\left|\sin\frac{hx}{2}\right|\leqslant 2\left|\frac{hx}{2}\right|<ha<\frac{\varepsilon}{2},$$

从而当 t 在 $(-\infty,+\infty)$ 上，有

$$|\varphi(t+h)-\varphi(t)|<\int_{-a}^{a}\frac{\varepsilon}{2}f(x)\mathrm{d}x+\frac{\varepsilon}{2}\leqslant\varepsilon.$$

从而证明特征函数 $\varphi(t)$ 在 $(-\infty,+\infty)$ 上一致连续.

性质 6 $\varphi(t)$ 是非负定函数，即对任意正整数 n 及任意实数 $t_1,t_2,\cdots,t_n$ 和复数 $z_1,z_2,\cdots,z_n$ 有 $\sum\limits_{k,l=1}^{n}\varphi(t_k-t_l)z_k\bar{z}_l\geqslant 0$.

证明

$$\begin{aligned}\sum_{k,l=1}^{n}\varphi(t_k-t_l)z_k\bar{z}_l&=E\Big(\sum_{k=1}^{n}\sum_{l=1}^{n}\mathrm{e}^{\mathrm{i}(t_k-t_l)X}z_k\,\overline{z_l}\Big)\\&=E\Big(\sum_{k=1}^{n}\sum_{l=1}^{n}\mathrm{e}^{\mathrm{i}t_kX}z_k\,\overline{\mathrm{e}^{\mathrm{i}t_lX_L}z_l}\Big)\\&=E\Big|\sum_{k=1}^{n}\mathrm{e}^{\mathrm{i}t_kX}z_k\Big|^2\geqslant 0.\end{aligned}$$

性质 7 若 $X_1,X_2,\cdots,X_n$ 是相互独立的随机变量，则 $X=X_1+X_2+\cdots+X_n$ 的特征函数

$$\varphi(t)=\varphi_1(t)\varphi_2(t)\cdots\varphi_n(t),$$

其中 $\varphi_i(t)$ 是随机变量 X_i 的特征函数 $(i=1,2,\cdots,n)$.

证明 因为 $X_1,X_2,\cdots,X_n$ 相互独立，则 $\mathrm{e}^{\mathrm{i}tX_1},\mathrm{e}^{\mathrm{i}tX_2},\cdots,\mathrm{e}^{\mathrm{i}tX_n}$ 也相互独立，因此

$$\begin{aligned}\varphi(t)=E(\mathrm{e}^{\mathrm{i}tX})&=E[\mathrm{e}^{\mathrm{i}t(X_1+X_2+\cdots+X_n)}]\\&=E(\mathrm{e}^{\mathrm{i}tX_1})E(\mathrm{e}^{\mathrm{i}tX_2})\cdots E(\mathrm{e}^{\mathrm{i}tX_n})\\&=\varphi_1(t)\varphi_2(t)\cdots\varphi_n(t).\end{aligned}$$

【例 7】 设 X 与 Y 相互独立，X 服从 $p=\dfrac{1}{2}$ 的 0-1 分布，而 Y 服从区间 $(0,1)$ 上的均匀分布. 求 $X+Y$ 的特征函数.

解 由例 1，例 6 已经求得这两种分布的特征函数，即有

$$\varphi_X(t)=\frac{1}{2}+\frac{1}{2}\mathrm{e}^{\mathrm{i}t},\quad \varphi_Y(t)=\frac{\mathrm{e}^{\mathrm{i}t}-1}{\mathrm{i}t},$$

由性质 6 知 $X+Y$ 的特征函数为

$$\varphi_{X+Y}(t)=\varphi_X(t)\varphi_Y(t)=\left(\frac{1}{2}+\frac{1}{2}\mathrm{e}^{\mathrm{i}t}\right)\left(\frac{\mathrm{e}^{\mathrm{i}t}-1}{\mathrm{i}t}\right)=\frac{\mathrm{e}^{2\mathrm{i}t}-1}{2\mathrm{i}t}.$$

对于 n 维随机变量也可以定义特征函数.

定义 3 设 $X=(X_1,X_2,\cdots,X_n)$是 $X_1,X_2,\cdots,X_n$ 是 n 维随机变量,$t=(t_1,t_2,\cdots,t_n)\in\mathbb{R}^n$,则称

$$g(t)=g(t_1,t_2,\cdots,t_n)=E(\mathrm{e}^{\mathrm{i}tX'})=E\left[\exp\left\{\mathrm{i}\sum_{k=1}^{n}t_kX_k\right\}\right]$$

为 X 的特征函数.

n 维随机变量的特征函数具有类似于一维随机变量的特征函数的性质.

习题 5.3

1. 设随机变量 X 的概率分布律为

X	-1	0	1	2
P	0.1	0.4	0.2	0.3

求 X 的特征函数.

2. 离散随机变量 X 服从帕斯卡(Pascal)分布

$$P(X=k)=\binom{k\ \ -1}{r\ \ -1}p^r(1-p)^{k-r},\quad k=r,r+1,\cdots.$$

试求 X 的特征函数.

3. 随机变量 X 服从指数分布,求 X 的特征函数.

4. 设随机变量 X 服从拉普拉斯分布,其概率密度为

$$f(x)=\frac{1}{2}\mathrm{e}^{-|x|}.$$

求此分布的特征函数.

5. 设随机变量 X 服从柯西分布,其概率密度为

$$f(x)=\frac{1}{\pi(1+x^2)}.$$

求此分布的特征函数.

总复习题5

1. 假定在盒中有蓝色彩笔3支，红色彩笔2支，绿色彩笔3支，从盒中任取两只彩笔，其中蓝色彩笔和红色彩笔的数目分别记为X与Y，求：

(1)$P(X+Y=1)$；(2)在$Y=1$条件下，随机变量X的概率分布律.

2. 已知(X,Y)的联合分布律为

$$P(X=i,Y=j)=\frac{1}{21}(i+j),\quad i=1,2,j=1,2,3.$$

求$P(X|Y=1)$，$P(Y|X=1)$.

3. 设随机变量(X,Y)的概率密度为

$$f(x,y)=\begin{cases}24xy, & 0<x<1,0<y<1-x,\\ 0, & \text{其他}.\end{cases}$$

求$P\left(Y<X\,|\,X=\frac{1}{3}\right)$.

4. 设(X,Y)是二维随机变量，X的概率密度

$$f_X(x)=\begin{cases}3x^2, & 0<y<x,\\ 0, & \text{其他}\end{cases}$$

在$X=x(0<x<1)$的条件下Y的条件概率密度

$$f_{Y|X}(y\mid x)=\begin{cases}\dfrac{3y^2}{x^3}, & 0<y<x,\\ 0, & \text{其他}.\end{cases}$$

试求：(1)(X,Y)的概率密度$f(x,y)$；(2)Y的边缘概率密度函数$f_Y(y)$；(3)$P(X>2Y)$.

5. 已知(X,Y)的概率密度函数为

$$f(x,y)=\begin{cases}\dfrac{21}{4}x^2y, & x^2<y<1,\\ 0, & \text{其他}.\end{cases}$$

求条件概率密度函数$f_{Y|X}(y|x)$和$f_{Y|X}\left(y\,\middle|\,\frac{1}{2}\right)$.

6. 口袋中有编号$1,2,\cdots,n$的n个球，从中任取1个球.若取到1号球，则得1分，且停止摸球；若取到i号球$(i\geqslant 2)$，则得i分，且将此球放回，重新摸球.如此下去，试求得到的平均总分数.

7. 设随机变量(X,Y)的概率密度为

$$f(x,y)=\begin{cases}3x, & 0<x<1,0<y<x,\\ 0, & \text{其他}.\end{cases}$$

求：(1)条件概率密度 $f_{X|Y}(y|x)$；(2)条件数学期望 $E(Y|X)$.

8. 设随机变量(X,Y)的概率密度为

$$f(x,y)=\begin{cases}1, & |y|<x,0<x<1,\\ 0, & \text{其他}.\end{cases}$$

求：(1)条件概率密度 $f_{X|Y}(y|x),f_{X|Y}(x|y)$；(2)条件数学期望 $E(Y|X),E(X|Y)$.

9. 设离散型随机变量 X 服从几何分布

$$P(X=k)=(1-p)^{k-1}p,\quad k=1,2,\cdots.$$

试求 X 的特征函数，并以此求 $E(X)$和 $D(X)$.

10. 已知 X 的特征函数 $\varphi(t)=\cos^2 t$，求 X 的分布.

11. 设 $X_1,X_2,\cdots,X_m$ 相互独立. 且 $X_i\sim P(\lambda_m)$，用特征函数的性质证明

$$Y=X_1+X_2+\cdots+X_m\sim P(\lambda_1+\lambda_2+\cdots+\lambda_m).$$

12. 设 $X_1,X_2,\cdots,X_n$ 相互独立，$X_j\sim N(\mu_j,\sigma_j^2)$. 用特征函数的性质证明

$$Y=X_1+X_2+\cdots+X_n\sim N\left(\sum_{j=1}^{n}\mu_j,\sum_{j=1}^{n}\sigma_j^2\right).$$

第 6 章

大数定律与中心极限定理

CHAPTER 6

大数定律与中心极限定理是概率论的基本理论，它们在概率论的理论研究和实际应用中起着十分重要的作用. 大数定律从理论上阐述了随机变量的稳定性，而中心极限定理则论证了大量随机变量之和的极限分布.

6.1 大数定律

在第 1 章中我们知道，随机事件虽然在一次试验中可能发生，也可能不发生，但在大量重复试验中却呈现出明显的规律性，即一个随机事件出现的频率在某个固定的数值附近摆动，这就是所谓的“频率稳定性”.

在大量的随机现象中，我们不仅发现随机事件的频率具有稳定性，而且还发现大量随机现象的平均结果也具有稳定性. 概率论中用来阐述大量随机现象的平均结果稳定性的一系列定理，称为**大数定律**(large number law). 大数定律以确切的数学形式表达了这种稳定性. 本节介绍几个重要的定理. 为了证明这些定理，首先给出切比雪夫不等式.

6.1.1 切比雪夫不等式

在第 4 章中我们知道方差是描述随机变量的取值与其数学期望的偏离程度的. 方差越大，表明随机变量的取值偏离数学期望的程度越大，即偏离其均值越远；方差越小，表明随机变量的取值越集中在数学期望的附近. 下面的定理就表明了随机变量的数学期望与方差的这种关系.

定理 1 设随机变量 X 的数学期望 $E(X)$ 和方差 $D(X)$ 都存在，则对于任意正数 ε，都有不等式

$$P(|X-E(X)|\geqslant\varepsilon)\leqslant\frac{D(X)}{\varepsilon^2}$$

成立，称这一不等式为**切比雪夫(Chebyshev)不等式**.

证明 我们只就连续型随机变量的情况来证明.

设 X 的概率密度为 $f(x)$，则有

$$\begin{aligned}P(|X-E(X)|\geqslant\varepsilon)&=\int_{|x-E(X)|\geqslant\varepsilon}f(x)\mathrm{d}x\leqslant\int_{|x-E(X)|\geqslant\varepsilon}\frac{|x-E(X)|^2}{\varepsilon^2}f(x)\mathrm{d}x\\&\leqslant\int_{-\infty}^{+\infty}\frac{|x-E(X)|^2}{\varepsilon^2}f(x)\mathrm{d}x\\&=\frac{1}{\varepsilon^2}\int_{-\infty}^{+\infty}[x-E(X)]^2f(x)\mathrm{d}x=\frac{D(X)}{\varepsilon^2}.\end{aligned}$$

切比雪夫不等式也可以写成如下的形式：

$$P(|X-E(X)|<\varepsilon)\geqslant1-\frac{D(X)}{\varepsilon^2}.$$

切比雪夫不等式不仅为切比雪夫大数定律的证明提供了依据，同时也给出了一种在分布未知的情况下，对事件“$|X-E(X)|\geqslant\varepsilon$”发生的概率进行粗略估计的方法.

【例 1】 已知正常男性成人血液中，每一毫升白细胞数平均是 7300，均方差是 700. 利用切比雪夫不等式估计每毫升白细胞数在 5200～9400 之间的概率.

解 设每毫升白细胞数为 X，依题意，$E(X)=7300$，$D(X)=700^2$，所求为

$$\begin{aligned}P(5200\leqslant X\leqslant9400)&=P(5200-7300\leqslant X-7300\leqslant9400-7300)\\&=P(-2100\leqslant X-7300\leqslant2100)=P(|X-7300|\leqslant2100).\end{aligned}$$

由切比雪夫不等式得

$$P(|X-7300|\leqslant2100)\geqslant1-\frac{D(X)}{2100^2}=1-\frac{700^2}{2100^2}=\frac{8}{9}.$$

于是有

$$P(5200\leqslant X\leqslant9400)\geqslant\frac{8}{9}.$$

即估计正常男性成人血液中每毫升白细胞数在 5200～9400 之间的概率不小于$\frac{8}{9}$.

6.1.2 几个大数定律

定义 1 设 $X_1,X_2,\cdots,X_n,\cdots$ 为一随机变量序列，a 为一常数，如果对任意的 $\varepsilon>0$，都有

$\lim\limits_{n\to\infty}P(|X_n-a|<\varepsilon)=1$，则称随机变量序列$\{X_n\}$**依概率收敛于** a，记为 $X_n \xrightarrow{P} a$.

定理 2(切比雪夫大数定律) 设随机变量 $X_1,X_2,\cdots,X_n,\cdots$相互独立，且分别有数学期望 $E(X_1),E(X_2),\cdots,E(X_n),\cdots$及方差 $D(X_1),D(X_2),\cdots,D(X_n),\cdots$，并且对于所有的 $k=1,2,\cdots$，都有 $D(X_k)\leqslant l$，其中 l 与 k 无关，则对任意的 $\varepsilon>0$，有

$$\lim_{n\to\infty}P\left(\left|\frac{1}{n}\sum_{k=1}^{n}X_k-\frac{1}{n}\sum_{k=1}^{n}E(X_k)\right|<\varepsilon\right)=1 \tag{6.1}$$

或

$$\lim_{n\to\infty}P\left(\left|\frac{1}{n}\sum_{k=1}^{n}X_k-\frac{1}{n}\sum_{k=1}^{n}E(X_k)\right|\geqslant\varepsilon\right)=0. \tag{6.2}$$

证明 因为随机变量 $X_1,X_2,\cdots,X_n,\cdots$相互独立，所以

$$D\left(\frac{1}{n}\sum_{k=1}^{n}X_k\right)=\frac{1}{n^2}\sum_{k=1}^{n}D(X_k)<\frac{nl}{n^2}=\frac{l}{n}.$$

由切比雪夫不等式，对任意的 $\varepsilon>0$，有

$$P\left(\left|\frac{1}{n}\sum_{k=1}^{n}X_k-\frac{1}{n}\sum_{k=1}^{n}E(X_k)\right|<\varepsilon\right)\geqslant 1-\frac{1}{\varepsilon^2}D\left(\frac{1}{n}\sum_{k=1}^{n}X_k\right)\geqslant 1-\frac{l}{n\varepsilon^2},$$

即

$$1\geqslant P\left(\left|\frac{1}{n}\sum_{k=1}^{n}X_k-\frac{1}{n}\sum_{k=1}^{n}E(X_k)\right|<\varepsilon\right)\geqslant 1-\frac{l}{n\varepsilon^2}.$$

于是有

$$\lim_{n\to\infty}P\left(\left|\frac{1}{n}\sum_{k=1}^{n}X_k-\frac{1}{n}\sum_{k=1}^{n}E(X_k)\right|<\varepsilon\right)=1.$$

从而

$$\lim_{n\to\infty}P\left(\left|\frac{1}{n}\sum_{k=1}^{n}X_k-\frac{1}{n}\sum_{k=1}^{n}E(X_k)\right|\geqslant\varepsilon\right)=0.$$

注 切比雪夫大数定律表明，在定理 2 的条件下，当 n 充分大时，n 个独立随机变量的平均数 $\frac{1}{n}\sum\limits_{k=1}^{n}X_k$ 的离散程度很小，它比较密集地聚集在其数学期望$\frac{1}{n}\sum\limits_{k=1}^{n}E(X_k)$ 附近.且当 $n\to\infty$ 时，$\frac{1}{n}\sum\limits_{k=1}^{n}X_k$ 依概率收敛于$\frac{1}{n}\sum\limits_{k=1}^{n}E(X_k)$.

定理 3(切比雪夫大数定律的特殊形式) 设随机变量 $X_1,X_2,\cdots,X_n,\cdots$相互独立，且具有相同的数学期望及方差，$E(X_k)=\mu,D(X_k)=\sigma^2(k=1,2,\cdots)$，则对任意的 $\varepsilon>0$，有

$$\lim_{n\to\infty}P\left(\left|\frac{1}{n}\sum_{k=1}^{n}X_k-\mu\right|<\varepsilon\right)=1,$$

或
$$\lim_{n\to\infty}P\left(\left|\frac{1}{n}\sum_{k=1}^{n}X_k-\mu\right|\geqslant\varepsilon\right)=0.$$

证明 由于随机变量 $X_1,X_2,\cdots,X_n,\cdots$ 满足定理2的条件，且有 $\frac{1}{n}\sum_{k=1}^{n}E(X_k)=\frac{1}{n}\cdot n\mu=\mu$，所以由式(6.1)或式(6.2)得

$$\lim_{n\to\infty}P\left(\left|\frac{1}{n}\sum_{k=1}^{n}X_k-\frac{1}{n}\sum_{k=1}^{n}E(X_k)\right|<\varepsilon\right)=\lim_{n\to\infty}P\left(\left|\frac{1}{n}\sum_{k=1}^{n}X_k-\mu\right|<\varepsilon\right)=1,$$

或
$$\lim_{n\to\infty}P\left(\left|\frac{1}{n}\sum_{k=1}^{n}X_k-\mu\right|\geqslant\varepsilon\right)=0.$$

定理4(伯努利大数定律) 设 n_A 是 n 次独立重复试验中事件 A 发生的次数，p 是事件 A 发生的概率，则对任意的 $\varepsilon>0$，有

$$\lim_{n\to\infty}P\left(\left|\frac{n_A}{n}-p\right|<\varepsilon\right)=1,$$

或
$$\lim_{n\to\infty}P\left(\left|\frac{n_A}{n}-p\right|\geqslant\varepsilon\right)=0.$$

证明 令 $X_k=\begin{cases}0, & \text{第 } k \text{ 次试验中 } A \text{ 不发生},\\ 1, & \text{第 } k \text{ 次试验中 } A \text{ 发生},\end{cases}\quad k=1,2,\cdots,n,$

则 $n_A=\sum_{k=1}^{n}X_k$，$X_1,X_2,\cdots,X_n$ 相互独立且服从同一0-1分布，故

$$E(X_k)=p,\quad D(X_k)=p(1-p),\quad k=1,2,\cdots,n.$$

由定理3有

$$\lim_{n\to\infty}P\left(\left|\frac{1}{n}\sum_{k=1}^{n}X_k-p\right|<\varepsilon\right)=1,\quad 即\quad \lim_{n\to\infty}P\left(\left|\frac{n_A}{n}-p\right|<\varepsilon\right)=1.$$

$$\lim_{n\to\infty}P\left(\left|\frac{n_A}{n}-p\right|\geqslant\varepsilon\right)=1-\lim_{n\to\infty}P\left(\left|\frac{n_A}{n}-p\right|<\varepsilon\right)=0.$$

注 伯努利大数定律表明，事件 A 发生的频率 $\frac{n_A}{n}$ 依概率收敛于事件 A 发生的概率 p，它以严格的数学形式表达了频率的稳定性，也说明在 n 次独立重复试验中，当 n 充分大时，事件 A 发生的频率 $\frac{n_A}{n}$ 与事件 A 发生的概率 p 有较大偏差的可能性很小，从而我们可以通过做试验确定某事件发生的频率，并把它作为相应概率的估计值.

我们已经知道，前面的三个大数定律都要求 $X_k(k=1,2,\cdots,n,\cdots)$ 的方差存在，但有些随机变量的方差未必存在. 下面给出的是去掉方差存在这一假设的定理.

定理5(辛钦大数定律) 设 $X_1,X_2,\cdots,X_n,\cdots$ 相互独立服从同一分布，且具有数学期望 $E(X_k)=\mu(k=1,2,\cdots,n,\cdots)$，则对任意的 $\varepsilon>0$，有

$$\lim_{n\to\infty}P\left(\left|\frac{1}{n}\sum_{i=1}^{n}X_i-\mu\right|<\varepsilon\right)=1.$$

证明略.

显然伯努利大数定律是辛钦大数定律的特殊情况.辛钦大数定律提供了求随机变量数学期望 $E(X)$ 近似值的方法,因此其在应用中是很重要的.

习题 6.1

1. 设随机变量 X 的方差为 25,则根据切比雪夫不等式,有 $P(|X-E(X)|<10)$________.

2. 设随机变量 $X_1,X_2,\cdots,X_n$ 独立同分布,$E(X_k)=\mu,D(X_k)=8(k=1,2,\cdots,n)$,令 $\overline{X}=\frac{1}{n}\sum_{k=1}^{n}X_k$,利用切比雪夫不等式估计 $P(|\overline{X}-\mu|<4)$.

3. 设随机变量 X 在$[-1,b]$上服从均匀分布,若由切比雪夫不等式有 $P(|X-1|<\varepsilon)\geqslant\frac{2}{3}$,试求 b,ε.

4. 掷 6 颗骰子,利用切比雪夫不等式估计 6 颗骰子出现的点数和在 15~27 之间的概率.

5. 在每次试验中,事件 A 发生的概率为 0.75,利用切比雪夫不等式求 n 至少多大时,才能使得在 n 次独立重复试验中,事件 A 出现的频率在 0.74~0.76 之间的概率至少为 0.90?

6. 设随机变量 $X_k(k=1,2,\cdots)$独立同分布,且 $E(X_k)=0,D(X_k)=a^2,E(X_k^4)$存在.证明:对任意 $\varepsilon>0$,有

$$\lim_{n\to\infty}P\left(\left|\frac{1}{n}\sum_{k=1}^{n}X_k^2-a^2\right|<\varepsilon\right)=1.$$

6.2 中心极限定理

正态分布是概率论与数理统计中一种很重要的分布.在自然界与生产中,一些现象受到许多相互独立的随机因素的影响,当每个因素所产生的影响都很微小时,总的影响可以看作是服从正态分布的.中心极限定理就是从数学上证明了这一现象.在概率论中,把研究在一定条件下大量相互独立随机变量之和以正态分布为极限分布的一类定理称为**中心极限定理**(central limit theorem).

定理 1(独立同分布的中心极限定理) 设 $X_1,X_2,\cdots,X_n,\cdots$是独立同分布的随机变

量序列，且 $E(X_k)=\mu, D(X_k)=\sigma^2\neq 0(k=1,2,\cdots)$，则对于任意的实数 x，总有

$$\lim_{n\to\infty}P\left[\frac{\sum_{k=1}^{n}X_k-n\mu}{\sqrt{n}\sigma}\leqslant x\right]=\frac{1}{\sqrt{2\pi}}\int_{-\infty}^{x}\mathrm{e}^{-\frac{t^2}{2}}\mathrm{d}t=\Phi(x),$$

其中 $\Phi(x)$ 是标准正态分布的分布函数.

此定理也称为**林德伯格-列维**(Lindeberg-Levy)**中心极限定理**.

证明略.

此定理说明，对于满足条件的任意的随机变量 $X_1,X_2,\cdots,X_n,\cdots$，当 n 很大时，其和 $\sum_{k=1}^{n}X_k$ 近似地服从正态分布 $N(n\mu,n\sigma^2)$，将其标准化为 $\frac{\sum_{k=1}^{n}X_k-n\mu}{\sqrt{n}\sigma}\overset{\text{近似}}{\sim}N(0,1)$.

一般情况下，我们很难求出 $\sum_{k=1}^{n}X_k$ 分布的确切形式. 而上述定理表明：当 n 很大时，可以利用正态分布对 $\sum_{k=1}^{n}X_k$ 作理论研究或实际计算.

【例 1】 用机器包装味精，每袋净重为随机变量，期望值为 50g，标准差为 5g，一箱内装 100 袋味精，求一箱味精净重大于 5100g 的概率.

解 设一箱味精净重为 X g，箱中第 k 袋味精的净重为 X_k g$(k=1,2,\cdots,100)$. 则 $X=\sum_{k=1}^{100}X_k$，其中 $X_1,X_2,\cdots,X_{100}$ 是 100 个相互独立的随机变量，且 $E(X_k)=50$，$D(X_k)=25$，$E(X)=5000$，$D(X)=2500$，$\sqrt{D(X)}=50$. 因而有

$$\begin{aligned}P(X>5100)&=1-P(X\leqslant 5100)\\&=1-P\left(\frac{X-5000}{50}\leqslant\frac{5100-5000}{50}\right)\\&\approx 1-\Phi(2)=1-0.9772=0.0228.\end{aligned}$$

【例 2】 一个加法器同时收到 20 个噪声电压 $V_k(k=1,2,\cdots,20)$. 设它们是相互独立的随机变量，且都在区间 $(0,10)$ 上服从均匀分布. V 为加法器上收到的总噪声电压，求 $P(V>105)$.

解 根据题意，$E(V_k)=5$，$D(V_k)=\frac{10^2}{12}(k=1,2,\cdots,20)$，由定理 1 知

$$\begin{aligned}P(V>105)&=P\left(\frac{V-20\times 5}{\sqrt{20}\times\sqrt{100/12}}>\frac{105-20\times 5}{\sqrt{20}\times\sqrt{100/12}}\right)\\&=P\left(\frac{V-20\times 5}{\sqrt{20}\times\sqrt{100/12}}>0.387\right)\\&=1-P\left(\frac{V-20\times 5}{\sqrt{20}\times\sqrt{100/12}}\leqslant 0.387\right)\end{aligned}$$

$$\approx 1-\Phi(0.387)=1-0.652=0.348.$$

定理 2(棣莫弗-拉普拉斯(De Moivre-Laplace)定理) 设随机变量 $X_n(n=1,2,\cdots)$ 服从参数为 $n,p(0<p<1)$ 的二项分布，即 $X_n\sim B(n,p)$，则对于任意 x，恒有

$$\lim_{n\to\infty}P\left(\frac{X_n-np}{\sqrt{np(1-p)}}\leqslant x\right)=\frac{1}{\sqrt{2\pi}}\int_{-\infty}^{x}\mathrm{e}^{-\frac{t^2}{2}}\mathrm{d}t=\Phi(x).$$

证明略.

此定理说明，当 n 充分大时，二项分布 X_n 近似地服从正态分布 $N(np,np(1-p))$，将其标准化为 $\dfrac{X_n-np}{\sqrt{np(1-p)}}\overset{\text{近似}}{\sim}N(0,1)$. 同时也说明正态分布是二项分布的极限形式.

【例 3】 某保险公司多年的统计资料表明，在索赔户中被盗索赔占 20%，以 X 表示在随意抽查的 100 个索赔户中因被盗向保险公司索赔的户数. 求被盗索赔户不少于 14 户且不多于 30 户的概率的近似值.

解 设 X 为 100 个索赔户中被盗索赔户数，则 $X\sim B(100,0.2)$，于是

$$P(14\leqslant X\leqslant 30)=P\left(\frac{14-100\times0.2}{\sqrt{100\times0.2\times0.8}}\leqslant\frac{X-100\times0.2}{\sqrt{100\times0.2\times0.8}}\leqslant\frac{30-100\times0.2}{\sqrt{100\times0.2\times0.8}}\right)$$
$$\approx\Phi(2.5)-\Phi(-1.5)=\Phi(2.5)+\Phi(1.5)-1$$
$$=0.9938+0.9332-1=0.9270.$$

【例 4】 某公司有 400 名员工参加一种资格证书考试. 按往年经验，该考试通过率为 0.9，求 400 名员工中至少有 354 人考试通过的概率.

解 设 X 是 400 名员工中考试通过的人数，则 $X\sim B(400,0.9)$，于是有

$$P(X\geqslant 354)=P\left(\frac{X-400\times0.9}{\sqrt{400\times0.9\times0.1}}\geqslant\frac{354-400\times0.9}{\sqrt{400\times0.9\times0.1}}\right)$$
$$\approx1-\Phi\left(\frac{354-400\times0.9}{\sqrt{400\times0.9\times0.1}}\right)=1-\Phi(-1)$$
$$=\Phi(1)=0.8413$$

【例 5】 某证券营业部开有 1000 个资金账号，每户资金 10 万元，设每日每个资金账号到营业部提取 20%现金的概率为 0.006，且每个客户是否提取现金是相互独立的，问该营业部每日至少要准备多少现金，才能保证以 95%以上的概率满足客户的要求.

解 设每日提取现金的账号数为 X，则 $X\sim B(1000,0.006)$，而每日提取的现金为 $2X$ 万元. 又设该营业部准备的现金数为 a(万元)，则需要求最小的 a，使

$$P(2X\leqslant a)=P\left(X\leqslant\frac{a}{2}\right)\geqslant0.95.$$

由于

$$P\left(X\leqslant \frac{a}{2}\right)=P\left[\frac{X-1000\times 0.006}{\sqrt{1000\times 0.006\times 0.994}}\leqslant \frac{\frac{a}{2}-1000\times 0.006}{\sqrt{1000\times 0.006\times 0.994}}\right]$$

$$\approx \Phi\left[\frac{\frac{a}{2}-6}{\sqrt{6\times 0.994}}\right]\geqslant 0.95.$$

查附表2得 $\Phi(1.645)=0.95$，于是

$$\frac{\frac{a}{2}-6}{\sqrt{6\times 0.994}}\geqslant 1.645,\quad \text{即}\quad a\geqslant 12+2\times 1.645\times\sqrt{6\times 0.994}\approx 20.$$

故营业部每日至少应准备20万元现金.

习题 6.2

1. 设随机变量 $X_1,X_2,\cdots,X_n$ 独立分布，$S_n=X_1+X_2+\cdots+X_n$，则根据林德伯格-列维中心极限定理，当 n 充分大时，S_n 近似服从正态分布，只要 $X_1,X_2,\cdots,X_n$(　　).

A. 有相同的数学期望　　B. 有相同的方差

C. 服从同一指数分布　　D. 服从同一类型分布

2. 设 $X_i(i=1,2,\cdots,50)$ 是相互独立的随机变量，且它们都服从参数为0.03的泊松分布. 记 $X=X_1+X_2+\cdots+X_{50}$，试用中心极限定理计算 $P(X\geqslant 3)$.

3. 一部件包括10部分. 每部分的长度是一个随机变量，它们相互独立且具有同一分布. 其数学期望为2mm，均方差为0.05mm，规定总长度为20±0.1mm时产品合格，试求产品合格的概率.

4. 一生产线生产的产品成箱包装，每箱的重量是随机的，假设每箱平均重50kg，标准差为5kg，若用最大载重量为5t的汽车承运，试用中心极限定理说明每辆车最多可以装多少箱，才能保障不超载的概率大于0.9770?

5. 设某电路供电网中有10000盏灯，夜间每一盏灯开着的概率为0.7，假设各灯的开关彼此独立，计算同时开着的灯数在6900与7100之间的概率.

6. 保险公司有3000个同一年龄的人参加人寿保险，在一年中这些人的死亡率为0.1%. 参加保险的人在年初交付保险费100元，死亡时家属可从保险公司领取10000元. 求：(1)保险公司一年获利不少于200000元的概率；(2)保险公司亏本的概率.

7. 有一批建筑房屋用的木柱，其中80%的长度不小于3m，现从这批木柱中随机地取出100根，利用中心极限定理计算至少有30根短于3m的概率.

8. (1) 设一个复杂系统由100个相互独立起作用的部件组成. 在整个运行期间，每部件的损坏率为0.1. 为了使整个系统正常工作，至少必须有85个部件正常工作，求整个系

统正常工作的概率.

(2) 设一个复杂系统由 n 个相互独立起作用的部件组成. 在整个运行期间,每部件的可靠性为 0.9,且必须至少有 80%的部件工作才能使整个系统正常工作,问 n 至少取多大时才能使整个系统的可靠性不低于 0.95?

总复习题 6

1. 设随机变量 X 的数学期望 $E(X)=\mu$ 方差 $D(X)=\sigma^2$,则由切比雪夫不等式,$P(|X-\mu|\geqslant 3\sigma)\leqslant$________,$P(\mu-4\sigma<X<\mu+4\sigma)\geqslant$________.

2. 设随机变量 X 和 Y 的数学期望分别是 -2 和 2,方差分别为 1 和 4,而相关系数为 -0.5,则根据切比雪夫不等式,$P(|X+Y|\geqslant 6)\leqslant$________.

3. 设 X,Y 是两个独立的随机变量,则下列说法正确的是(　　).

A. 当已知 X 与 Y 的分布时,对于随机变量 $X+Y$ 可使用切比雪夫不等式进行概率估计

B. 当 X 与 Y 的期望与方差都存在时,可用切比雪夫不等式估计 $X+Y$ 落在任意区间 (a,b) 内的概率

C. 当 X 与 Y 的期望与方差都存在时,可用切比雪夫不等式估计 $X+Y$ 落在对称区间 $(-a,a)$ 内的概率(a 为大于零的常数)

D. 当 X 与 Y 的期望与方差都存在时,可用切比雪夫不等式估计 $X+Y$ 落在区间 $(E(X)+E(Y)-a,E(X)+E(Y)+a)$ 的概率(a 为大于零的常数)

4. 设 $X_1,X_2,\cdots,X_n$ 都服从参数为 2 的指数分布,且相互独立,则当 $n\to\infty$ 时,$Y_n=\frac{1}{n}\sum_{i=1}^{n}X_i^2$ 依概率收敛于________.

5. 设随机变量 $X_1,X_2,\cdots,X_k,\cdots$ 相互独立,且有分布律

X_k	-1	0	1
p_k	$\frac{1}{2^{k+1}}$	$1-\frac{1}{2^k}$	$\frac{1}{2^{k+1}}$

证明:$\lim\limits_{n\to\infty}P\left(\left|\frac{1}{n}\sum_{k=1}^{n}X_k\right|>\varepsilon\right)=0$.

6. 设 $X_1,X_2,\cdots,X_n,\cdots$ 为独立同分布的随机变量序列,且均服从参数为 $\lambda(\lambda>1)$ 的指数分布,记 $\Phi(x)$ 为标准正态分布函数,则(　　).

A. $\lim\limits_{n\to\infty}P\left(\dfrac{\sum\limits_{i=1}^{n}X_i-n\lambda}{\lambda\sqrt{n}}\leqslant x\right)=\Phi(x)$　　B. $\lim\limits_{n\to\infty}P\left(\dfrac{\sum\limits_{i=1}^{n}X_i-n\lambda}{\sqrt{n\lambda}}\leqslant x\right)=\Phi(x)$

C. $\lim\limits_{n\to\infty}P\left(\dfrac{\lambda\sum\limits_{i=1}^{n}X_i-n}{\sqrt{n}}\leqslant x\right)=\Phi(x)$　　D. $\lim\limits_{n\to\infty}P\left(\dfrac{\sum\limits_{i=1}^{n}X_i-\lambda}{\lambda\sqrt{n}}\leqslant x\right)=\Phi(x)$

7. 设随机变量 X 的概率密度为

$$f(x)=\frac{x^n}{n}\mathrm{e}^{-x},\quad x\geqslant 0.$$

试证：$P(0<X<2(n+1))\geqslant\dfrac{n}{n+1}$.

8. 一个螺丝钉重量是一个随机变量，期望值是 50g，标准差是 5g. 利用中心极限定理求一盒（100 个）同型号螺丝钉的重量超过 5100g 的概率.

9. 计算机在进行加法运算时，对每个加数取整（取为最接近它的整数），设所有的取整误差是相互独立的，且它们都在(−0.5,0.5)上服从均匀分布.

(1) 若将 1500 个数相加，问误差总和的绝对值超过 15 的概率是多少？

(2) 问多少个数加在一起可使得误差总和的绝对值小于 10 的概率为 0.90？

10. 将一枚硬币连掷 100 次，求出现正面的次数大于 60 的概率.

11. 设船舶在某海区航行，已知每遭受一次波浪的冲击，纵摇角度大于 6°的概率为 $p=\dfrac{1}{3}$，若船舶遭受了 90000 次波浪冲击，问其中有 29500 到 30500 次纵摇角度大于 6°的概率为多少？

12. 甲、乙两个戏院竞争 1000 名观众，假定每个观众完全随意地选择一个戏院，且观众之间选择戏院是彼此独立的，问每个戏院应该设有多少个座位才能保证因缺少座位而使观众离去的概率小于 1%？

13. 某车间有 200 台机床独立地工作，每台机床开动时需耗电 5kW. 因检修等原因每台机床的开工率仅为 0.6，如果只供给该车间 700kW 的电力，问能以多大的概率保证不因缺电而停工？

第 7 章

CHAPTER 7

概率应用举例

7.1 敏感性问题调查——全概率的应用

为了了解学生的心理发展和健康状况，无论是家长还是老师都希望能够了解学生的性取向问题，但这属于隐私行为，家长和老师都很难了解到，因此有必要设计一个调查方案，从调查数据中估计出学生中有同性恋倾向的学生比率 p.

对敏感性问题的调查方案，关键是要使被调查者愿意作出真实回答又能保守个人秘密，一旦调查方案设计有误，被调查者就会拒绝配合或作出不真实的选择，这将导致调查数据失去真实性，经过多年研究和实践，一些心理学家和统计学家设计了一种调查方案，在这个方案中被调查者只需回答以下两个问题中的一个问题，而且只需要回答“是”或“否”.

问题 A：你的生日是否在 7 月 1 日之前？

问题 B：你现在或曾经是否有过同性恋的经历？

在问卷调查时，为了消除被调查者的顾虑，使被调查者确信他(她)的隐私不会被泄露，在操作上要注意以下两点：

(1) 被调查者在没有旁人的情况下独自一人回答问题；

(2) 被调查者从一个罐子中随机抽一只球，看过颜色后即放回. 若抽到白球，则回答问题 A；若抽到红球，则回答问题 B，且罐中只有白球和红球. 被调查者无论回答问题 A 还是问题 B，只需在问卷上选择“是”或“否”，然后把问卷放入一个密封的投票箱内，如此的调查方法，主要在于旁人无法知道被调查者回答的是问题 A 还是问题 B，由此可以极大地消除被调查者的顾虑.

现在的问题是如何分析调查的结果，很显然，我们对问题 A 是不感兴趣的，首先我们要假设有 n 张问卷，为了保证调查结果的准确性，我们假设 n 较大，譬如 1000 以上，在这 n 张问卷中有 k 张回答"是"，而我们又无法知道此 n 张答卷中有多少张是回答问题 B 的，同样无法知道 k 张回答"是"的问卷中有多少张是回答问题 B 的，但有两个信息我们是预先知道的，即：

(1) 在参加人数较多的场合中，任选一人其生日在 7 月 1 日之前的概率为 0.5；

(2) 罐中红球的比例 x 是已知的.

现在就要从这 4 个数据($n,k,0.5,x$)求出 p，由全概率公式有

$$P(\text{是}) = P(\text{白球})P(\text{是} \mid \text{白球}) + P(\text{红球})P(\text{是} \mid \text{红球}).$$

所以，将 $P(\text{红球})=x$，$P(\text{白球})=1-x$，$P(\text{是}|\text{红球})=p$ 代入上式右边，而上式左边用概率$\frac{k}{n}$代替，得$\frac{k}{n}=0.5\cdot(1-x)+p\cdot x$，由此得 $p=\dfrac{\frac{k}{n}-0.5\cdot(1-x)}{x}$，由于我们用频率$\frac{k}{n}$代替了概率 $p(\text{是})$，所以从上式得到的是 p 的估计.

7.2 贝叶斯公式的应用——说谎的孩子

说谎的孩子讲的是一个小孩每天到山上放羊，山里时常有狼出没. 有一天他在山上喊："狼来了！狼来了！"，山下的村民闻声赶来打狼，可是到了山上却发现狼没有来，放羊的孩子感到很可笑，这么多人都上了自己的当；第二天仍是如此；第三天，狼真的来了，可是无论放羊的孩子怎么叫喊，也没有人来救他，因为他前两次说了谎话，人们不再相信他了，狼把他的羊吃了，放羊的孩子也差一点丢了性命.

现在用贝叶斯(Bayes)公式来分析这个故事中村民对放羊孩子的诚实性的判断或者说对村民的心理活动的分析.

记事件 A 为"小孩说谎话"，事件 $\overline{A}$ 为"小孩说真话". 首先假设村民们对放羊孩子的印象一般，小孩说谎话和说真话的概率相同，即设

$$P(A) = P(\overline{A}) = \frac{1}{2}.$$

另外，记事件 B 为"狼真的来了"，并假设

$$P(B \mid A) = \frac{1}{3}, \quad P(B \mid \overline{A}) = \frac{3}{4}.$$

当第一次村民上山打狼，发现狼没有来($\overline{B}$ 发生了)时，村民对说谎的孩子的认识表现在条件概率 $P(A|\overline{B})$上. 根据以上假设，利用贝叶斯公式可得

$$P(A \mid \bar{B})=\frac{P(A)P(\bar{B} \mid A)}{P(A)P(\bar{B} \mid A)+P(\bar{A})P(\bar{B} \mid \bar{A})}=\frac{\frac{1}{2}\times\frac{2}{3}}{\frac{1}{2}\times\frac{2}{3}+\frac{1}{2}\times\frac{1}{4}}=\frac{8}{11}=0.7273.$$

从而 $P(\bar{A}|\bar{B})=1-P(A|\bar{B})=\frac{3}{11}=0.2727.$

这表明村民认为小孩说谎的概率由 0.5 调整到 0.7273,从而改写概率

$$P(A)=\frac{8}{11},\quad P(\bar{A})=\frac{3}{11}.$$

在此基础上,村民第二次听到喊"狼来了! 狼来了!"时再一次上山打狼,狼还是没有来,这时村民再一次调整对放羊孩子说谎的认识,即

$$P(A \mid \bar{B})=\frac{P(A)P(\bar{B} \mid A)}{P(A)P(\bar{B} \mid A)+P(\bar{A})P(\bar{B} \mid \bar{A})}=\frac{\frac{8}{11}\times\frac{2}{3}}{\frac{8}{11}\times\frac{2}{3}+\frac{3}{11}\times\frac{1}{4}}=\frac{64}{73}=0.8767.$$

这表明: 村民经过两次上当,认为放羊孩子说谎的概率由 0.5 调整到 0.8767,即 10 句话中有近 9 句在说谎,给村民留下这样的印象,当他们第三次听到喊"狼来了! 狼来了!"时,就不会上山打狼了,说谎的孩子咎由自取.

贝叶斯公式可以计算后验概率并对先验概率进行修正. 贝叶斯公式在贝叶斯统计和贝叶斯决策中有着重要的应用. 人们在不确定决策过程中,往往根据后验概率对不确定信息进行判断,并依次进行决策. 特别在信息不对称的博弈过程中,人们根据自己的观察和获取的新信息,不断调整对不确定性问题的认识,采取自己的最佳策略.

7.3 分赌本问题——数学期望的应用

分赌本问题又称为分点问题,在概率论中是一个极其著名的问题,在历史上它对概率论这门学科的形成和发展曾起过非常重要的作用. 1654 年法国有个叫 De Mere 的赌徒向法国天才的数学家帕斯卡(Bvlaise Pascal)提出了如下的分赌本问题: 甲、乙两个赌徒赌技相同,各出赌注 50 法郎,每局无平局,他们规定,谁先赢三局,则得到全部赌本 100 法郎. 当甲赢了二局,乙只赢了一局时,因故要中止赌博. 现在要问 100 法郎如何分才算公平.

帕斯卡为解决这一问题,就与当时享有很高声誉的法国数学家费尔马(Piere de Fermat)建立了联系. 当时,荷兰年轻的物理学家惠更斯(C. Huygans,1629—1695)知道了这事后,也赶到巴黎参加他们的讨论. 这样,使得当时世界上很多有名的数学家对概率论产生了浓厚的兴趣,从而使得概率论这门学科得到了迅速的发展. 后来人们把帕斯卡

和费尔马建立联系的日子(1654 年 7 月 29 日)作为概率论的生日,公认帕斯卡与费尔马为概率论的奠基人.

如何解决分赌本问题呢?这个问题引起了不少人的兴趣,有人建议按已赢次数的比例来分赌本,即甲得全部赌本的$\frac{2}{3}$,乙得余下的$\frac{1}{3}$. 有人提出异议,认为这完全没有考虑每个赌徒必须再赢的局数,这样不符合事先约定的规则. 帕斯卡提出了一个重要的思想:赌徒分得赌注的比例应该等于从这以后继续赌下去他们能获胜的概率. 1654 年帕斯卡提出了如下的解决办法:设想再赌下去,在甲赢得两局而乙只赢得一局时,最多只需再赌两局即可结束这场赌博,而再玩两局可能出现的结果有如下四种,并且这四种情况出现的概率相等:

甲甲　　甲乙　　乙甲　　乙乙

其中"甲乙"表示再赌的两局中,第一局甲胜第二局乙胜. 因为赌技相同,所以这四种情况中,有三种情况甲获 100 法郎,只有一种情况(乙乙)下甲获 0 法郎. 所以甲获 100 法郎的概率为$\frac{3}{4}$,甲获 0 法郎的概率为$\frac{1}{4}$. 故甲的期望所得为

$$100\times\frac{3}{4}+0\times\frac{1}{4}=75(\text{法郎}).$$

而乙的期望所得为

$$100\times\frac{1}{4}+0\times\frac{3}{4}=25(\text{法郎}).$$

1657 年惠更斯在"赌博中的计算"一文中提出一般的解法:如果在 $u+v$ 个等可能场合中某人有 u 种可能赢得 α,有 v 种可能赢得 β,则该人在 $u+v$ 次中可赢得 $u\alpha+v\beta$,而每次平均可赢得

$$\frac{u\alpha+v\beta}{u+v}=\alpha p+\beta(1-p),\quad \text{其中}\quad p=\frac{u}{u+v}.$$

$\alpha p+\beta(1-p)$就是该人应得的数学期望. 若设 $u=3,v=1,\alpha=100,\beta=0$ 就得帕斯卡的解法. 从概率分布看,若设 X 是某人的赢钱数,按赢得全部赌本的结果看,X 的分布律为

X	α	β
p_i	p	$1-p$

该人赢得的赌本的数学期望为

$$E(X)=\alpha p+\beta(1-p)=\frac{u\alpha+v\beta}{u+v}.$$

分赌本问题是随机变量数学期望的一个应用,根据数学期望进行决策. 分赌本问题可以推广为集资合伙办厂等投资问题方面的应用:如果甲乙二人合资办厂,经营一段时

间后，甲乙二人都要单独经营或者由于某种原因不能继续合作下去，应该怎样分配经营成果；或者因为经营不善而亏损，应该如何分摊债务等相关问题.

7.4 怎样订购挂历获利最大——数学期望和方差的应用

设某经销商正在与一出版社联系订购下一年的挂历，已知有关条件如下：零售价80元/本，挂历的成本价50元/本(批发价)，经销商可得毛利30元/本，若当年的12月31日以后挂历尚未售出，该经销商不得不降价到20元/本全部销售出去. 根据该经销商以往10年的销售情况，他所得出的概率如下：在当年12月31日以前只能售出150本、160本、170本和180本的概率分别为0.1，0.4，0.3，0.2. 根据以上条件，该经销商应订购多少本挂历，可使期望利润最大？

很明显，根据需求情况，低于150本供不应求，超过180本肯定有一部分销售不出去，该经销商订购挂历的数量应该在150本至180本之间. 该经销商的订购方案有150本、160本、170本、180本，根据购进、售出的数量可得利润表(单位：百元)如下：

出售数量 / 订购方案	150本(概率0.1)	160本(概率0.4)	170本(概率0.3)	180本(概率0.2)
订购150本获利 X_1	45	45	45	45
订购160本获利 X_2	42	48	48	48
订购170本获利 X_3	39	45	51	51
订购180本获利 X_4	36	42	48	54

由于各种订购方案的获利都是随机变量，根据期望利润最大的原则，我们应该选择期望利润最大的订购方案. 各订购方案的期望利润分别为

$$E(X_1)=0.1\times45+0.4\times45+0.3\times45+0.2\times45=45,$$
$$E(X_2)=0.1\times42+0.4\times48+0.3\times48+0.2\times48=47.4,$$
$$E(X_3)=0.1\times39+0.4\times45+0.3\times51+0.2\times51=47.4,$$
$$E(X_4)=0.1\times36+0.4\times42+0.3\times48+0.2\times54=45.6.$$

由于 $E(X_2)=E(X_3)>E(X_4)>E(X_1)$，所以订购160本或170本可使销售利润最大.

这种决策方法是建立在风险中性的基础上的，风险中性的决策者认为：1单位期望利润等于1单位确定的利润. 大多数决策者都是风险规避型的，他们认为1单位的期望利润不如1单位的确定利润，因为它具有不确定性. 一个保守的决策者可能订购150本，稳得4500元的利润，至于订购150本以上，虽然期望利润大于4500，但也有可能出现利

润低于 4500 的情况. 在销售市场上,机会与风险并存,不愿冒风险也不可能博取高额利润. 因此,对于风险型决策往往持风险中性态度,以期望利润最大原则进行决策. 由于需求的不确定性,各种订购方案的利润都是随机变量,随机变量的期望值反映了它的平均水平,即期望利润; 随机变量的方差反映了它取值的不确定性,因此反映了经销的风险. 在期望利润相等(或很接近)的情况下,应选择利润方差(风险)最小的方案. 由于订购 160 本和 170 本的期望利润相等,又是期望利润最大的方案,我们应从中选择获利方差较小的方案. 由于 $E(X_2^2)=2250$, $E(X_3^2)=2262.6$,则

$$D(X_2)=3.24<D(X_3)=15.84.$$

所以,订购 160 本挂历是最优方案.

风险型决策的特点,是建立在风险中性的基础上,根据期望利润最大的原则进行决策. 风险中性是风险型决策的前提. 如果有两个以上的方案都能够使得期望收益达到最大,那么就应该比较收益的方差(风险),风险较小者较优. 所以,在风险型决策问题中,应该综合考虑收益的期望与方差,将超额收益(超过无风险收益的部分)作为承担风险的补偿,选择最优的方案才是最合理的.

7.5 随机变量函数的数学期望与最值的应用——随机存贮模型

一煤炭供应部门煤的进价为 130 元/t,销售价为 140 元/t. 若当年售不出去,则下年以 112 元/t 的价格处理,如供应短缺,不足的部分必须由本部门从其他供应站调配, 每吨将亏损 20 元. 已知一年内对煤炭的需求量 X 在[2000,6000]间服从均匀分布,试制定煤炭存贮最佳策略.

设存贮煤炭量为 m,则供应部门的利润为

$$L(X)=\begin{cases}140X+112(m-X)-130m, & X\leqslant m\\ 140m-20(X-m)-130m, & X>m\end{cases}$$

$$=\begin{cases}28X-18m, & X\leqslant m,\\ 30m-20X, & X>m.\end{cases}$$

需求量 X 在[2000,6000]间服从均匀分布,其概率密度为

$$f(x)=\begin{cases}\dfrac{1}{4000}, & 2000\leqslant x\leqslant 6000,\\ 0, & \text{其他}.\end{cases}$$

平均利润为

$$E(L)=\int_0^m(28x-18m)f(x)\mathrm{d}x+\int_m^{6000}(30m-20x)f(x)\mathrm{d}x$$
$$=\frac{1}{4000}(-24m^2+180000m-360000000).$$

令$\frac{\mathrm{d}E(L)}{\mathrm{d}m}=0$,得 $m=4500(\mathrm{t})$,所以,最佳方案是该年度存贮煤炭 4500t.

7.6 人口增长问题——全概率公式以及随机问题的应用

由于一个人的出生和死亡是随机的,因而一个国家或地区的人口数量也就是随机变量. 就把它们看成随机变量来建立模型,以揭示在平均意义下人口数量的变化规律.

模型假设: 设时刻 t 的人口数 $X(t)$的概率分布为 $P(X=n)=p_n(t)(n=0,1,2,\cdots)$,在时刻 t 到 $t+\Delta t$(Δt 很小)间隔内:

(1) 出生一人的概率与 Δt 成正比,记为 $b_n\Delta t=\lambda n\Delta t$,出生两人及两人以上的概率为 $o(\Delta t)$;

(2) 死亡一人的概率与 Δt 成正比,记为 $d_n\Delta t=\mu n\Delta t$,死亡两人及两人以上的概率为 $o(\Delta t)$;

(3) 出生和死亡相互独立,由(1)和(2)知,出生一人且死亡一人的概率为 $o(\Delta t)$.

建立模型: 由以上假设可知,随机事件$\{X(t+\Delta t)=n\}$可以分解为三个互不相容的随机事件之和: $\{X(t)=n-1\}$ 且 Δt 内出生一人; $\{X(t)=n+1\}$且 Δt 内死亡一人; $\{X(t)=n\}$ 且 Δt 内没有出生或死亡.

由全概率公式可得

$$p_n(t+\Delta t)=\lambda(n-1)p_{n-1}(t)\Delta t+\mu(n+1)p_{n+1}(t)\Delta t+(1-\lambda n-\mu n)p_n(t)\Delta t,$$

即

$$p_n(t+\Delta t)-p_n(t)$$
$$=\lambda(n-1)p_{n-1}(t)\Delta t+\mu(n+1)p_{n+1}(t)\Delta t-(\lambda+\mu)np_n(t)\Delta t.$$

上式两边同除以 Δt,并令 $\Delta t\to 0$,可得

$$\frac{\mathrm{d}p_n(t)}{\mathrm{d}t}=\lambda(n-1)p_{n-1}(t)+\mu(n+1)p_{n+1}(t)-(\lambda+\mu)np_n(t).$$

设 $t=0$ 时人口数量为 n_0,即有初始条件为

$$p_n(0)=\begin{cases}1, & n=n_0,\\ 0, & n\neq n_0.\end{cases}$$

于是,本问题的数学模型为

$$\begin{cases}\dfrac{\mathrm{d}p_n(t)}{\mathrm{d}t}=\lambda(n-1)p_{n-1}(t)+\mu(n+1)p_{n+1}(t)-(\lambda+\mu)np_n(t),\\ p_n(0)=\begin{cases}1, & n=n_0,\\ 0, & n\neq n_0.\end{cases}\end{cases}$$

模型求解与分析:上述模型中的微分方程式是一组递推方程,由于我们关心的是人口数量的平均值和方差,由上述模型可得

$$E(X(t))=\sum_{n=1}^{\infty}np_n(t).$$

两边对 t 求导并将 $\dfrac{\mathrm{d}p_n(t)}{\mathrm{d}t}$ 的表达式代入,可得

$$\frac{\mathrm{d}E(X(t))}{\mathrm{d}t}=\lambda\sum_{n=1}^{\infty}n(n-1)p_{n-1}(t)+\mu\sum_{n=1}^{\infty}n(n+1)p_{n+1}(t)-(\lambda+\mu)\sum_{n=1}^{\infty}n^2p_n(t).$$

注意到

$$\sum_{n=1}^{\infty}n(n-1)p_{n-1}(t)=\sum_{k=1}^{\infty}k(k+1)p_k(t),\quad \sum_{n=1}^{\infty}n(n+1)p_{n+1}(t)=\sum_{k=1}^{\infty}k(k-1)p_k(t),$$

及 $E(X(t))=\sum\limits_{n=1}^{\infty}np_n(t)$,可得

$$\frac{\mathrm{d}E(X(t))}{\mathrm{d}t}=(\lambda-\mu)\sum_{n=1}^{\infty}np_n(t)=(\lambda-\mu)E(X(t)).$$

求解这个微分方程并考虑初始条件,可得其解为

$$E(X(t))=n_0\mathrm{e}^{(\lambda-\mu)t}.$$

由此结果可以看出,随机性人口模型中出生概率和死亡概率之差可视为增长概率,在平均意义下,人口呈指数增长.

用类似的方法,可求得方差为

$$D(X(t))=n_0\frac{\lambda+\mu}{\lambda-\mu}\mathrm{e}^{(\lambda-\mu)t}[\mathrm{e}^{(\lambda-\mu)t}-1].$$

附表 1 泊松分布表

$$1-F(x-1)=\sum_{r=x}^{+\infty}\frac{e^{-\lambda}\lambda^r}{r!}$$

x	λ=0.2	λ=0.3	λ=0.4	λ=0.5	λ=0.6
0	1.0000000	1.0000000	1.0000000	1.0000000	1.0000000
1	0.1812692	0.2591818	0.3296800	0.393469	0.451188
2	0.0175231	0.0369363	0.0615519	0.090204	0.121901
3	0.0011485	0.0035995	0.0079263	0.014388	0.023115
4	0.0000568	0.0002658	0.0007763	0.001752	0.003358
5	0.0000023	0.0000158	0.0000612	0.000172	0.000394
6	0.0000001	0.0000008	0.0000040	0.000014	0.000039
7			0.0000002	0.000001	0.000003

x	λ=0.7	λ=0.8	λ=0.9	λ=1.0	λ=1.2
0	1.0000000	1.0000000	1.0000000	1.0000000	1.0000000
1	0.503415	0.550671	0.593430	0.632121	0.698806
2	0.155805	0.191208	0.227518	0.264241	0.337373
3	0.034142	0.047423	0.062857	0.080301	0.120513
4	0.005753	0.009080	0.013459	0.018988	0.033769
5	0.000786	0.001411	0.002344	0.003660	0.007746
6	0.000090	0.000184	0.000343	0.000594	0.001500
7	0.000009	0.000021	0.000043	0.000083	0.000251
8	0.000001	0.000002	0.000005	0.000010	0.000037
9				0.000001	0.000005
10					0.000001

x	λ=1.4	λ=1.6	λ=1.8		
0	1.0000000	1.0000000	1.0000000		
1	0.753403	0.798103	0.834701		
2	0.408167	0.475069	0.537163		
3	0.166502	0.216642	0.269379		
4	0.053725	0.078813	0.108708		
5	0.014253	0.023682	0.036407		
6	0.003201	0.006040	0.010378		

续表

x	λ=1.4	λ=1.6	λ=1.8		
7	0.000622	0.001336	0.002569		
8	0.000107	0.000260	0.000562		
9	0.000016	0.000045	0.000110		
10	0.000002	0.000007	0.000019		
11		0.000001	0.000003		

x	λ=2.5	λ=3.0	λ=3.5	λ=4.0	λ=4.5	λ=5.0
0	1.000000	1.000000	1.000000	1.000000	1.000000	1.000000
1	0.917915	0.950213	0.969803	0.981684	0.988891	0.993262
2	0.712703	0.800852	0.864112	0.908422	0.938901	0.959572
3	0.456187	0.576810	0.679153	0.761897	0.826422	0.875348
4	0.242424	0.352768	0.463367	0.566530	0.657704	0.734974
5	0.108822	0.184737	0.274555	0.371163	0.467896	0.559507
6	0.042021	0.083918	0.142386	0.214870	0.297070	0.384039
7	0.014187	0.033509	0.065288	0.110674	0.168949	0.237817
8	0.004247	0.011905	0.026739	0.051134	0.086586	0.133372
9	0.001140	0.003803	0.009874	0.021363	0.040257	0.068094
10	0.000277	0.001102	0.003315	0.008132	0.017093	0.031828
11	0.000062	0.000292	0.001019	0.002840	0.006669	0.013695
12	0.000013	0.000071	0.000289	0.000915	0.002404	0.005453
13	0.000002	0.000016	0.000076	0.000274	0.000805	0.002019
14		0.000003	0.000019	0.000076	0.000252	0.000698
15		0.000001	0.000004	0.000020	0.000074	0.000226
16			0.000001	0.000005	0.000020	0.000069
17				0.000001	0.000005	0.000020
18					0.000001	0.000005
19						0.000001

附表 2　标准正态分布表

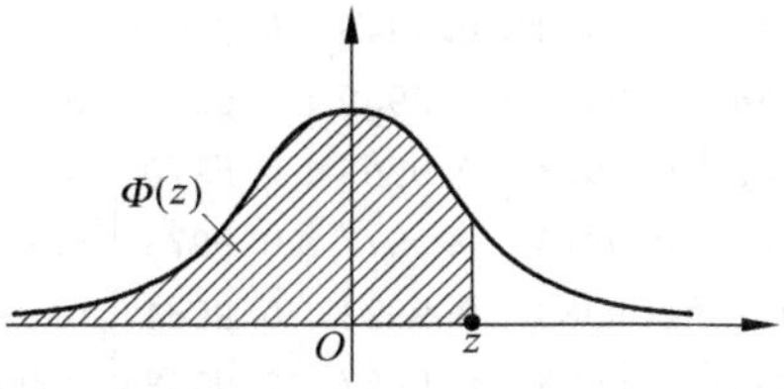

$$\Phi(z)=\int_{-\infty}^{z}\frac{1}{\sqrt{2\pi}}\mathrm{e}^{-u^{2}/2}\mathrm{d}u=P(Z\leqslant z),\quad z\geqslant 0$$

z	0	1	2	3	4	5	6	7	8	9
0.0	0.5000	0.5040	0.5080	0.5120	0.5160	0.5199	0.5239	0.5279	0.5319	0.5359
0.1	0.5398	0.5438	0.5478	0.5517	0.5557	0.5596	0.5636	0.5675	0.5714	0.5753
0.2	0.5793	0.5832	0.5871	0.5910	0.5948	0.5987	0.6026	0.6064	0.6103	0.6141
0.3	0.6179	0.6217	0.6255	0.6293	0.6331	0.6368	0.6406	0.6443	0.6480	0.6517
0.4	0.6554	0.6591	0.6628	0.6664	0.6700	0.6736	0.6772	0.6808	0.6844	0.6879
0.5	0.6915	0.6950	0.6985	0.7019	0.7054	0.7088	0.7123	0.7157	0.7190	0.7224
0.6	0.7257	0.7291	0.7324	0.7357	0.7389	0.7422	0.7454	0.7486	0.7517	0.7549
0.7	0.7580	0.7611	0.7642	0.7673	0.7703	0.7734	0.7764	0.7794	0.7823	0.7852
0.8	0.7881	0.7910	0.7939	0.7967	0.7995	0.8023	0.8051	0.8078	0.8106	0.8133
0.9	0.8159	0.8186	0.8212	0.8238	0.8264	0.8289	0.8315	0.8340	0.8365	0.8389
1.0	0.8413	0.8438	0.8461	0.8485	0.8508	0.8531	0.8554	0.8577	0.8599	0.8621
1.1	0.8643	0.8665	0.8686	0.8708	0.8729	0.8749	0.8770	0.8790	0.8810	0.8830
1.2	0.8849	0.8869	0.8888	0.8907	0.8925	0.8944	0.8962	0.8980	0.8997	0.9015
1.3	0.9032	0.9049	0.9066	0.9082	0.9099	0.9115	0.9131	0.9147	0.9162	0.9177
1.4	0.9192	0.9207	0.9222	0.9236	0.9251	0.9265	0.9278	0.9292	0.9306	0.9319
1.5	0.9332	0.9345	0.9357	0.9370	0.9382	0.9394	0.9406	0.9418	0.9430	0.9441
1.6	0.9452	0.9463	0.9474	0.9484	0.9495	0.9505	0.9515	0.9525	0.9535	0.9545
1.7	0.9554	0.9564	0.9573	0.9582	0.9591	0.9599	0.9608	0.9616	0.9625	0.9633
1.8	0.9641	0.9648	0.9656	0.9664	0.9671	0.9678	0.9686	0.9693	0.9700	0.9706
1.9	0.9713	0.9719	0.9726	0.9732	0.9738	0.9744	0.9750	0.9756	0.9762	0.9767
2.0	0.9772	0.9778	0.9783	0.9788	0.9793	0.9798	0.9803	0.9808	0.9812	0.9817
2.1	0.9821	0.9826	0.9830	0.9834	0.9838	0.9842	0.9846	0.9850	0.9854	0.9857

续表

z	0	1	2	3	4	5	6	7	8	9
2.2	0.9861	0.9864	0.9868	0.9871	0.9874	0.9878	0.9881	0.9884	0.9887	0.9890
2.3	0.9893	0.9896	0.9898	0.9901	0.9904	0.9906	0.9909	0.9911	0.9913	0.9916
2.4	0.9918	0.9920	0.9922	0.9925	0.9927	0.9929	0.9931	0.9932	0.9934	0.9936
2.5	0.9938	0.9940	0.9941	0.9943	0.9945	0.9946	0.9948	0.9949	0.9951	0.9952
2.6	0.9953	0.9955	0.9956	0.9957	0.9959	0.9960	0.9961	0.9962	0.9963	0.9964
2.7	0.9965	0.9966	0.9967	0.9968	0.9969	0.9970	0.9971	0.9972	0.9973	0.9974
2.8	0.9974	0.9975	0.9976	0.9977	0.9977	0.9978	0.9979	0.9979	0.9980	0.9981
2.9	0.9981	0.9982	0.9982	0.9983	0.9984	0.9984	0.9985	0.9985	0.9986	0.9986
3.0	0.9987	0.9990	0.9993	0.9995	0.9997	0.9998	0.9998	0.9999	0.9999	1.0000

注：表中末行系函数值 $\Phi(3.0),\Phi(3.1),\cdots,\Phi(3.9)$.

习 题 答 案

习题 1.1

1. (1) $\Omega=\{(1,1),(1,2),\cdots,(6,6)\}$；(2) $\Omega=\{(1),(0,1),(0,0,1),(0,0,0,1),\cdots\}$；
(3) $\Omega=\{0,1,2,\cdots\}$ (4) $\Omega=\{t \mid t\geqslant 0\}$.

2. $B-A=\{(1,1),(2,2),(3,3),(4,4),(5,5),(6,6)\}$，$BC=\{(1,1),(2,2),(3,3),(4,4)\}$，
$B+\bar{C}=\{(1,1),(2,2),(3,3),(4,4),(5,5),(6,6),(4,6),(5,6),(6,4),(6,5)\}$.

3. (1) $A\bar{B}\,\bar{C}$； (2) $AB\bar{C}$ 或 $AB-C$； (3) ABC； (4) $\bar{A}\,\bar{B}\,\bar{C}$； (5) $\overline{ABC}$；
(6) $A+B+C$； (7) $\bar{A}\bar{B}+\bar{B}\bar{C}+\bar{A}\bar{C}$ 或 $\bar{A}\,\bar{B}\bar{C}+A\bar{B}\bar{C}+\bar{A}B\bar{C}+\bar{A}\,\bar{B}C$；
(8) $AB+BC+AC$ 或 $ABC+\bar{A}BC+A\bar{B}C+AB\bar{C}$.

4. (1) 成立； (2) 不成立； (3) 成立； (4) 成立； (5) 成立；
(6) 成立； (7) 成立； (8) 不成立.

5. (1) $AB\bar{C}$ 表示取到的是中文数学类非平装书；(2) $C\subset B$ 成立意味着平装书都是中文的；
(3) $\bar{A}=B$ 意味着馆中的数学类图书都不是中文版的.

6. $\bar{A}\,\bar{B}$ 或 $\overline{A\cup B}$.

习题 1.2

1. $1-p$.

2. 0.6.

3. (1) 0.5；(2) 0.2；(3) 0.8；(4) 0.2；(5) 0.9.

4. (1) $\frac{5}{8}$；(2) $\frac{3}{8}$.

5. 0.7；0.8.

6. (1) $P(AB)=P(A)$ 时，$P(AB)$ 达到最大值 0.6；(2) $P(A\cup B)=1$ 时，$P(AB)$ 达到最小值 0.3.

习题 1.3

1. (1) $\frac{1}{8}$；(2) $\frac{3}{8}$；(3) $\frac{7}{8}$.

2. (1) $\frac{1}{12}$；(2) $\frac{1}{20}$.

3. (1) $\frac{1}{6}$；(2) $\frac{5}{18}$；(3) $\frac{1}{6}$.

4. 0.3，0.6，0.1.

5. (1) $\frac{7}{15}$；(2) $\frac{7}{30}$；(3) $\frac{14}{15}$.

6. (1) $\frac{1}{10}$；(2) $\frac{3}{10}$；(3) $\frac{1}{5}$.

7. $\frac{3}{8}$，$\frac{1}{8}$.

8. 0.4271.

9. (1) $\frac{1}{14^9}$；(2) $\frac{1}{14^{10}}$；(3) 0.000323.

10. $\frac{9}{16}$；$\frac{1}{16}$；$\frac{3}{8}$.

11. $\frac{17}{25}$.

12. 0.879.

习题 1.4

1. (1) 0.48；(2) 0.7；(3) 0.25.

2. $\frac{3}{8}$.

3. (1) $\frac{8}{45}$；(2) $\frac{16}{45}$；(3) $\frac{28}{45}$；(4) $\frac{1}{5}$.

4. (1) $\frac{3}{10}$；(2) $\frac{3}{5}$.

5. (1) 0.18；(2) 0.5.

6. (1) $\frac{21}{800}$；(2) $\frac{20}{21}$.

7. (1) $\frac{18}{25}$；(2) $\frac{1}{9}$.

8. (1) $\frac{53}{120}$；(2) $\frac{20}{53}$.

9. (1) $\frac{p}{2}(3-p)$；(2) $\frac{2p}{p+1}$.

10. 略.

习题 1.5

1. 略.

2. 0.5.

3. $\frac{2}{3}$.

4. $\frac{2}{3}$.

5. 0.6.

6. (1) 第一种、二种工艺得到合格品的概率分别为 0.504,0.56,所以第二种工艺得到合格品的概率较大些；

(2) 第一种工艺得到合格品的概率较大些.

7. $(1-10^{-5})^{520}=0.9948$.

8. 略.

9. (1) $(1-p_1)(1-p_2)\cdots(1-p_n)$；(2) $1-(1-p_1)(1-p_2)\cdots(1-p_n)$；(3) $1-p_1p_2\cdots p_n$.

10. 0.458.

总复习题 1

1. D.

2. D.

3. (1) 0.30；(2) 0.73；(3) 0.90；(4) 0.10.

4. (1) $\frac{1}{324}$；(2) $\frac{5}{54}$.

5. $\frac{k^m-(k-1)^m}{n^m}$.

6. 关系密切(通过条件概率判断).

7. $\frac{59}{90}$,$\frac{31}{90}$.

8. (1) 0.9585；(2) 0.97.

9. 0.923,0.75.

10. $\frac{1}{4}$.

11. $\frac{1}{3}$.

12. (1) $\frac{1}{24}$；(2) $\frac{11}{24}$；(3) $\frac{3}{4}$.

13. 0.8629.

14. 五局三胜制有利.

15. $\frac{1}{4}(1+\ln 2)=0.5966$.

16. (1) 0.943；(2) 0.8482.

习题 2.1

1. (1)(3)是.

2. A.

3. $1-e^{-1}\approx 0.6321, e^{-1}-e^{-2}\approx 0.2325, e^{-2}\approx 0.1353$.

4. $F(x)=\begin{cases}0, & x<0,\\ \frac{x}{a}, & 0\leqslant x<a,\\ 1, & x\geqslant a.\end{cases}$

习题 2.2

1. 随机变量 X 的分布律为

X	3	4	5
p_k	0.1	0.3	0.6

或 $P(X=k)=\frac{C_{k-1}^2}{C_5^3}(k=3,4,5)$.

$$F(x)=\begin{cases}0, & x<3,\\ 0.1, & 3\leqslant x<4,\\ 0.4, & 4\leqslant x<5,\\ 1, & x\geqslant 5.\end{cases}$$

2.

X	100000	60000	40000	0
p_k	0.16	0.24	0.24	0.36

3. 0.6.

4.

X	1	2	3
p_k	$\frac{1}{6}$	$\frac{1}{3}$	$\frac{1}{2}$

5. $\frac{37}{16},\frac{20}{37}$.

6. 0.5.

7. $\frac{65}{81}$.

8. 0.5372.

9. (1) $\frac{1}{70}$; (2) 3.163×10^{-4}.

10. (1) $e^{-4}\approx0.0183$; (2) $1-5e^{-4}\approx0.9083$.

11. 3条.

12. (1) 0.9596; (2) 0.6160; (3) 8.

习题 2.3

1. (1) $A=1,B=-1$; (2) $2\ln2-1\approx0.3863$; (3) $f(x)=\begin{cases}\ln x, & 1\leqslant x\leqslant e,\\ 0, & \text{其他}.\end{cases}$

2. (1) 2; (2) $F(x)=\begin{cases}0, & x<0,\\ x^2, & 0\leqslant x<1,\\ 1, & x\geqslant1;\end{cases}$ (3) 0.25; (4) 0.

3. (1) $\frac{1}{\pi}$; (2) $\frac{1}{3}$; (3) $F(x)=\begin{cases}0, & x<-1,\\ \frac{1}{2}+\frac{1}{\pi}\arcsin x, & -1\leqslant x<1,\\ 1, & x\geqslant1.\end{cases}$

4. 0.6.

5. (1) 2; (2) $(1-e^{-4})^5$.

6. $\frac{20}{27}$.

7. $10e^{-3}(1-e^{-1})^2\approx0.1989$.

8. 0.6826.

9. (1) 0.9525; (2) 0.8164.

10. $\mu=2.515,\sigma=1.43$.

11. (1) 0.0641; (2) 0.008989.

12.

Y	-5	3	10
p_i	0.0013	0.4987	0.5

13. (1) 0.5160; (2) 0.9858.

14. (1) 183.98cm; (2) 0.6013.

15. 略.

习题 2.4

1.

Y_1	0	1	4	9
p_k	0.2	0.2	0.2	0.4

Y_2	-7	-4	-1	2	8
p_k	0.2	0.1	0.2	0.1	0.4

2.

Y	-1	1
p_k	$\frac{1}{3}$	$\frac{2}{3}$

3. (1) $f_Y(y)=\begin{cases}\frac{1}{y}, & 1<y<\mathrm{e},\\ 0, & \text{其他};\end{cases}$ (2) $f_Y(y)=\begin{cases}\frac{1}{2}\mathrm{e}^{-\frac{y}{2}}, & y>0,\\ 0, & \text{其他}.\end{cases}$

4. $f_Y(y)=\begin{cases}2y\mathrm{e}^{-y^2}, & y\geqslant 0,\\ 0, & y<0.\end{cases}$ 5. $f_Y(y)=\begin{cases}\frac{1}{\sqrt{2\pi}}\mathrm{e}^{-\frac{(1-y)^2}{8}}, & y<1,\\ 0, & y\geqslant 1.\end{cases}$

6. $f_Y(y)=\begin{cases}\frac{1}{\pi\sqrt{1-y^2}}, & -1<y<1,\\ 0, & \text{其他}.\end{cases}$

总复习题 2

1. A. 2. D. 3. 1,1,0. 4. $\frac{2}{n+1}$. 5. $\frac{29}{37}$.

6.

X	100	80	60	40
p_k	$\frac{3}{28}$	$\frac{31}{56}$	$\frac{18}{56}$	$\frac{1}{56}$

7. (1) $P(X=k)=0.2^{k-1}\times 0.8(k=1,2,\cdots)$；(2) 0.0384，0.04.

8. $\sqrt[3]{4}$. 9. $\frac{80}{243}$.

10. $P(Y=k)=\mathrm{C}_5^k\mathrm{e}^{-2k}(1-\mathrm{e}^{-2})^{5-k}(k=0,1,\cdots,5)$,0.5167.

11. (1) T 服从参数为 λ 的指数分布；(2) $\mathrm{e}^{-8\lambda}$.

12. 考生 B 可以被录取,不过被录取为临时工的可能性很大.

13. 4. 14. $f_Y(y)=\begin{cases}\frac{1}{\sqrt{y-1}}-1, & 1<y<2,\\ 0, & \text{其他}.\end{cases}$ 15. $f_Y(y)=\begin{cases}1, & 0\leqslant y<1,\\ 0, & \text{其他}.\end{cases}$

习题 3.1

1. 不能做分布函数.

2. (1) $1-2e^{-1}+e^{-2}\approx 0.3996$；(2) $1-e^{-1}\approx 0.6321$.

3. (1) $A=\frac{1}{\pi^2},B=\frac{\pi}{2}$；(2) $\frac{9}{16}$.

习题 3.2

1.

X \ Y	0	1
0	$\frac{1}{9}$	$\frac{2}{9}$
1	$\frac{2}{9}$	$\frac{4}{9}$

X \ Y	0	1
0	0	$\frac{1}{3}$
1	$\frac{1}{3}$	$\frac{1}{3}$

2. 0.56,0.2,0.8.

3.

Y \ X	0	−1	2	$p_{\cdot j}$
0	$\frac{1}{6}$	0	$\frac{5}{12}$	$\frac{7}{12}$
1	0	$\frac{1}{3}$	0	$\frac{1}{3}$
$\frac{1}{3}$	0	$\frac{1}{12}$	0	$\frac{1}{12}$
$p_{i\cdot}$	$\frac{1}{6}$	$\frac{5}{12}$	$\frac{5}{12}$	1

由于 $P(X=-1,Y=0)=0,P(X=-1)=\frac{5}{12},P(Y=0)=\frac{7}{12}$,因此 $P(X=-1,Y=0)\neq P(X=-1)\cdot P(Y=0)$,故 X 和 Y 不相互独立.

4.

X \ Y	0	1	2
0	0.16	0.32	0.16
1	0.08	0.16	0.08
2	0.01	0.02	0.01

5. (1)

$Y \backslash X$	0	1	$p_{i\cdot}$
-1	0.25	0	0.25
0	0	0.5	0.5
1	0.25	0	0.25
$p_{\cdot j}$	0.5	0.5	

(2) 不相互独立.

6. $\frac{1}{3}$, $\frac{1}{6}$.

7.

$X_1 \backslash X_2$	0	1	$P(X_1=i)$
0	$1-e^{-1}$	0	$1-e^{-1}$
1	$e^{-1}-e^{-2}$	e^{-2}	e^{-1}
$P(X_2=j)$	$1-e^{-2}$	e^{-2}	1

习题 3.3

1. (1) $\frac{15}{64}$; (2) 0; (3) 0.5; $F(x,y)=\begin{cases}0, & x<0 \text{ 或 } y<0,\\ x^2y^2, & 0\leqslant x<1, 0\leqslant y<1,\\ x^2, & 0\leqslant x<1, 1\leqslant y,\\ y^2, & 1\leqslant x, 0\leqslant y<1,\\ 1, & x\geqslant 1, y\geqslant 1.\end{cases}$

2. (1) $c=\frac{21}{4}$; (2) $f_X(x)=\begin{cases}\frac{21}{8}x^2(1-x^4), & -1\leqslant x\leqslant 1,\\ 0, & \text{其他},\end{cases}$ $f_Y(y)=\begin{cases}\frac{7}{2}y^{5/2}, & 0<y<1,\\ 0, & \text{其他};\end{cases}$

(3) X,Y 不相互独立.

3. (1) 1; (2) $f_X(x)=\begin{cases}e^{-x}, & x>0,\\ 0, & x\leqslant 0,\end{cases}$ $f_Y(y)=\begin{cases}ye^{-y}, & y>0,\\ 0, & y\leqslant 0;\end{cases}$ (3) X,Y 不相互独立.

4. (1) $f_X(x)=\begin{cases}2x^2+\frac{2}{3}x, & 0\leqslant x\leqslant 1,\\ 0, & \text{其他},\end{cases}$ $f_Y(y)=\begin{cases}\frac{y}{6}+\frac{1}{3}, & 0\leqslant y\leqslant 2,\\ 0, & \text{其他},\end{cases}$

因为 $f(x,y)\neq f_X(x)f_Y(y)$,所以 X,Y 不相互独立; (2) $\frac{65}{72}$.

5. (1) $f(x,y)=f_X(x),f_Y(y)=\begin{cases}\dfrac{1}{2}\mathrm{e}^{-y/2}, & 0<x<1,y>0,\\ 0, & 其他;\end{cases}$ (2) 0.1445.

6. (1) $A=\dfrac{16}{\pi^2}$;

(2) $f_X(x)=\begin{cases}\dfrac{16}{\pi^2}\left(\dfrac{\pi x}{4}-\dfrac{x\ln 2}{2}\right), & 0<x\leqslant\sqrt{2},\\ \dfrac{16}{\pi^2}\left(\sqrt{4-x^2}\arctan\dfrac{\sqrt{4-x^2}}{x}-x\ln 2+x\ln x\right), & \sqrt{2}<x\leqslant 2,\\ 0, & 其他.\end{cases}$

7. (1) $k=1$; (2) $f_X(x)=\begin{cases}1+x, & -1\leqslant x<0,\\ 1-x, & 0\leqslant x<1,\\ 0, & 其他,\end{cases}$ $f_Y(y)=\begin{cases}2y, & 0\leqslant y\leqslant 1,\\ 0, & 其他;\end{cases}$ (3) X 和 Y 不相互独立.

习题 3.4

1.

$X+Y$	-2	0	1	-3	-1
p_k	0.25	0.15	0.3	0.15	0.15

$X-Y$	-4	-3	-2	-1	0
p_k	0.05	0.45	0.1	0.15	0.25

2. (1)

Z	0	1	2	4	5
p_k	0.1	0.5	0.1	0.2	0.1

(2)

V	0	1	2
p_k	0.1	0.6	0.3

(3)

U	0	1
p_k	0.8	0.2

3. (1)

X \ Y	-1	0	1	$p_{\cdot j}$
0	0	$\frac{1}{3}$	0	$\frac{1}{3}$
1	$\frac{1}{3}$	0	$\frac{1}{3}$	$\frac{2}{3}$
$p_{i\cdot}$	$\frac{1}{3}$	$\frac{1}{3}$	$\frac{1}{3}$	1

(2)

$Z=XY$	-1	0	1
p_k	$\frac{1}{3}$	$\frac{1}{3}$	$\frac{1}{3}$

4. 0.000634.

5. 0.63.

6. $F_{\max}(z)=\begin{cases}(1-e^{-\alpha z})(1-e^{-\beta z}), & z\geqslant 0,\\ 0, & \text{其他},\end{cases}$

$f_{\max}(z)=\begin{cases}\alpha e^{-\alpha z}+\beta e^{-\beta z}-(\alpha+\beta)e^{-(\alpha+\beta)z}, & z\geqslant 0,\\ 0, & \text{其他}.\end{cases}$

7. (1) 不相互独立；(2) $f_Z(z)=\begin{cases}\frac{1}{2}z^2e^{-z}, & z>0,\\ 0, & \text{其他}.\end{cases}$

8. $f_Z(z)=\begin{cases}\frac{3}{4}z^2, & 0\leqslant z<1,\\ -3+6z-\frac{9}{4}z^2, & 1\leqslant z<2,\\ 0, & \text{其他}.\end{cases}$

9. $f_{Y/X}(z)=\frac{1}{\pi(1+z^2)}, \quad -\infty<z<+\infty.$

总复习题 3

1.

Y \ X	0	1	2
0	$\frac{1}{4}$	$\frac{1}{4}$	$\frac{1}{16}$
1	$\frac{1}{4}$	$\frac{1}{8}$	0
2	$\frac{1}{16}$	0	0

X	0	1	2
p_i	$\frac{9}{16}$	$\frac{3}{8}$	$\frac{1}{16}$

Y	0	1	2
p_i	$\frac{9}{16}$	$\frac{3}{8}$	$\frac{1}{16}$

X,Y 不相互独立.

2. $\frac{15}{16}$.

3.

Y \ X	-2	-1	1	2
1	0	1/4	1/4	0
4	1/4	0	0	1/4

4. 0.5.

5. (1) $A=20$；(2) $F(x,y)=\left(\frac{1}{\pi}\arctan\frac{x}{4}+\frac{1}{2}\right)\left(\frac{1}{\pi}\arctan\frac{y}{5}+\frac{1}{2}\right),x\in\mathbb{R},y\in\mathbb{R}$；(3) $\frac{1}{16}$.

6. (1) $a=\frac{3}{2\pi}$；(2) $f_X(x)=\frac{1}{\pi(1+x^2)},-\infty<x<+\infty,f_Y(y)=\begin{cases}\frac{3}{2}y^2, & |y|\leqslant 1,\\ 0, & |y|>1;\end{cases}$；(3) $\frac{1}{2}$.

7. $f_X(x)=\begin{cases}\dfrac{x}{2}, & 0\leqslant x\leqslant 1,\\ \dfrac{1}{2}, & 1<x<2,\\ \dfrac{3-x}{2}, & 2\leqslant x\leqslant 3,\\ 0, & \text{其他},\end{cases}$ $f_Y(y)=\begin{cases}\dfrac{3-2y}{2}, & 0\leqslant y\leqslant 1,\\ 0, & \text{其他}.\end{cases}$

8. (1) 4；(2) $f_X(x)=\begin{cases}2xe^{-x^2}, & x>0,\\ 0, & x\leqslant 0,\end{cases}$ $f_Y(y)=\begin{cases}2ye^{-y^2}, & y>0,\\ 0, & y\leqslant 0;\end{cases}$ (3) X,Y 相互独立.

9. $f_X(x)=\begin{cases}\dfrac{1}{2}+x, & 0<x<1,\\ 0, & \text{其他},\end{cases}$ $f_Y(y)=\begin{cases}\dfrac{1}{2}+y, & 0<y<1,\\ 0, & \text{其他};\end{cases}$ $\dfrac{1}{3}$.

10. (1) $b=\dfrac{1}{1-e^{-1}}$；(2) $f_X(x)=\begin{cases}\dfrac{e^{-x}}{1-e^{-1}}, & 0<x<1,\\ 0, & \text{其他},\end{cases}$ $f_Y(y)=\begin{cases}e^{-y}, & y>0,\\ 0, & \text{其他};\end{cases}$

(3) $F_U(u)=\begin{cases}0, & u<0,\\ \dfrac{(1-e^{-u})^2}{1-e^{-1}}, & 0\leqslant u<1,\\ 1-e^{-u}, & u\geqslant 1.\end{cases}$

11. (1) $f_Z(z)=\begin{cases}\dfrac{9}{8}z^2, & 0<z<1,\\ \dfrac{3}{8}(4-z^2), & 1\leqslant z<2,\\ 0, & \text{其他};\end{cases}$ (2) $f_Z(z)=\begin{cases}\dfrac{3}{2}(1-z^2), & 0<z<1,\\ 0, & \text{其他}.\end{cases}$

12. $f_Z(z)=\begin{cases}\dfrac{2z}{(1+z)^3}, & z\geqslant 0,\\ 0, & \text{其他}.\end{cases}$

13. 略.

14. (1) $f_T(t)=\begin{cases}\dfrac{1}{3!}t^3e^{-t}, & t>0,\\ 0, & \text{其他};\end{cases}$ (2) $f_T(t)=\begin{cases}\dfrac{1}{5!}t^5e^{-t}, & t>0,\\ 0, & \text{其他}.\end{cases}$

习题 4.1

1. 1.　2. $\dfrac{n+1}{2}$.　3. e^{-2},2.　4. 略.　5. 4.47　6. 0.　7. 3,2.　8. 5.216.

习题 4.2

1. 4.

2. $-0.2,2.8,13.4$.

3. (1) 2；(2) $\frac{1}{3}$.

4. $\frac{\pi}{24}(a+b)(a^2+b^2)$.

5. $0.15,0.25$.

6. $25.53,\frac{11}{3},\frac{7}{3}$.

习题 4.3

1. $1,\frac{2}{5}$.

2. $\frac{1}{3},36$.

3. $2\ln 2,2-4\ln^2 2$.

4. $\frac{1}{4},-\frac{1}{4},2,\frac{2}{3}$.

5. $35,\frac{175}{6}$.

6. -2，59.

7. $E(Y)=\mathrm{e}^{\mu+\frac{\sigma^2}{2}},D(Y)=\mathrm{e}^{2\mu+\sigma^2}(\mathrm{e}^{\sigma^2}-1)$.

8. 略.

习题 4.4

1. D.

2. $-\frac{1}{9},-\frac{1}{2}$.

3. 148,57.

4. $12,-1,364,21$.

5. (1) 1；(2) 0；(3) 0；(4) 不相关.

6. $\frac{11}{144},\frac{11}{144},-\frac{1}{144},-\frac{1}{11}$.

7. 略.

总复习题 4

1. 18.4.

2. 180.

3. (1)

X	1	2	3	4
p_k	$\frac{1}{10}$	$\frac{1}{2}$	$\frac{11}{30}$	$\frac{1}{30}$

(2) $\frac{7}{3}$；(3) $\frac{22}{45}$.

4. 1.

5. 2732.15 元.

6. $\frac{r}{p},\frac{r(1-p)}{p^2}$.

7. 5.

8. $\frac{3}{4}$

9. (1) $\frac{3}{4}$；(2) $\frac{5}{8}$；(3) $\frac{1}{8}$.

10. 11.67.

11. (1) 1.5,0.1；(2) -0.05；(3) 2.4.

12. 12,46.

13. $\frac{1}{3},\frac{1}{18}$.

14. $\sqrt{\frac{\pi}{2}},2-\frac{\pi}{2}$.

15. 略.

16. (1) 3；(2) $\frac{5}{2}$；(3) $\frac{3}{4},\frac{3}{80}$；(4) $\frac{3}{160}$；(5) $\frac{\sqrt{57}}{19}$.

17. (1) $\frac{1}{2}$；(2) $\frac{\pi}{4},\frac{\pi}{4}$；(3) $\frac{\pi^2}{16}+\frac{\pi}{2}-2,\frac{\pi^2}{16}+\frac{\pi}{2}-2$；(4) $\frac{8\pi-\pi^2-16}{8\pi+\pi^2-32}$.

18. (1) $-1,39-4\sqrt{3}$；(2) X,Z 不相关；(3) X,Z 不独立.

19. (1) 0,2；(2) 0,X 与 $|X|$ 不相关；(3) X 与 $|X|$ 不独立.

习题 5.1

1. $\frac{n!}{m!\,(n-m)!}\left(\frac{7.14}{14}\right)^m\left(\frac{6.86}{14}\right)^{n-m}\quad(m=0,1,\cdots,n)$.

2. (1)

X	1	2
$P(X\|Y=1)$	$\frac{1}{2}$	$\frac{1}{2}$

X	1	2
$P(X\|Y=2)$	$\frac{1}{3}$	$\frac{2}{3}$

(2) X 与 Y 不相互独立.

3. (1)

X \ Y	0	1	2
0	0.24	0.24	0.12
1	0.12	0.12	0.16

(2) $P(X=0|Y=1)=\frac{2}{3},P(X=1|Y=1)=\frac{1}{3}$.

4. $P(X=k|X+Y=n)=\binom{n}{k}\left(\frac{\lambda_1}{\lambda_1+\lambda_2}\right)^k\left(\frac{\lambda_2}{\lambda_1+\lambda_2}\right)^{n-k}\quad(k=0,1,m=0,1,\cdots,n)$,

即在 $X+Y=n$ 的条件下,X 服从二项分布 $B(n,p)$,其中 $p=\frac{\lambda_1}{\lambda_1+\lambda_2}$.

5. (1) 当 $X=0.5$ 时,Y 的条件概率密度为 $f=(y|x=0.5)=24y-48y^2\quad(0<y<5)$；

(2) 当 $Y=0.5$ 时,X 的条件概率密度为 $f(x|y=0.5)=4-8x\quad(0<x<0.5)$.

6. (1) a;

(2) $f_{X|Y}(x|y)=\begin{cases}2e^{-2x}, & x>0,\\ 0, & 其他,\end{cases}$ $f_{Y|X}(y|x)=\begin{cases}e^{-y}, & x>0,\\ 0, & 其他.\end{cases}$

又因为 $f(x,y)=f_X(x)\cdot f_Y(y)$,所以 X,Y 相互独立.

习题 5.2

1. (1) 1;(2) 2;(3) 略.

2. $E(Y)=15\text{min}$.

3. (1) $E(X|Y=y)=\dfrac{y+1}{2}, y\geqslant 0$;(2) 略.

4. (1) $E(Y|X)=\dfrac{x}{2}$;(2) $\dfrac{1}{\lambda}$.

习题 5.3

1. $0.1e^{-it}+0.4+0.2e^{it}+0.3e^{it}$.

2. $\left(\dfrac{pe^{it}}{1-qe^{it}}\right)^r$.

3. $\left(1-\dfrac{it}{\lambda}\right)^{-1}$.

4. $\dfrac{1}{1+t^2}$.

5. $e^{-|t|}$.

总复习题 5

1. (1) $\dfrac{15}{28}$;

(2)

X	0	1	2
$P(X\|Y=1)$	$\frac{1}{2}$	$\frac{1}{2}$	0

2.

X	1	2
$P(X\|Y=1)$	$\frac{2}{5}$	$\frac{3}{5}$

Y	1	2	3
$P(Y\|X=1)$	$\frac{2}{9}$	$\frac{3}{9}$	$\frac{4}{9}$

3. $\dfrac{1}{4}$.

4. (1) $f(x,y)=\begin{cases}\dfrac{9y^2}{x}, & 0<x<1,0<y<x,\\ 0, & 其他;\end{cases}$ (2) $f(x,y)=\begin{cases}-9y^2\ln y, & 0<y<1,\\ 0, & 其他;\end{cases}$ (3) $\dfrac{1}{8}$.

5. 当$-1<x<1$时条件概率密度函数$f_{Y|X}(y|x)$为

$$f_{Y|X}(y\mid x)=\frac{f(x,y)}{f_x(x)}=\begin{cases}\dfrac{2y}{1-x^4}, & x^2\leqslant y<1,\\ 0, & 其他.\end{cases}$$

特别地,当$x=\dfrac{1}{2}$时,条件概率密度函数$f_{Y|X}\left(y\,\middle|\,\dfrac{1}{2}\right)=\begin{cases}\dfrac{32y}{15}, & \dfrac{1}{4}\leqslant y<1,\\ 0, & 其他.\end{cases}$

6. $E(X)=\dfrac{n(n+1)}{2}$.

7. $0<x<1$时,$f_{Y|X}(y|x)=\dfrac{1}{x}$,$0<y<x$,$E(Y|X)=\dfrac{x}{2}$.

8. 当$|y|<1$时,$f_{Y|X}(x|y)=\begin{cases}\dfrac{1}{1-|y|}, & |y|<x<1,\\ 0, & 其他,\end{cases}$当$0<x<1$时,$f_{Y|X}(y|x)=\begin{cases}\dfrac{1}{2x}, & |y|<x,\\ 0, & 其他,\end{cases}$

$E(Y|X)=0$,$E(X|Y)=1$.

9. $\varphi(t)=\dfrac{pe^{it}}{1-qe^{it}}$,$E(X)=\dfrac{1}{P}$,$D(X)=\dfrac{q}{p^2}$.

10. $P(X=0)=1/2$,$P(X=2)=1/4$,$P(X=-2)=1/4$.

11. 略.

12. 略.

习题 6.1

1. $\geqslant 0.75$.

2. $P(|\overline{X}-\mu|<4)\geqslant 1-\dfrac{1}{2n}$.

3. $b=3,\varepsilon=2$.

4. $P(15<X<27)\geqslant\dfrac{37}{72}$.

5. 18750.

6. 略.

习题 6.2

1. C.

2. 0.1103.

3. 0.4714.

4. 98.

5. 0.9708

6. (1) 0.958;(2) 0.

7. 0.0062.

8. (1) 0.9525;(2) 25.

总复习题 6

1. $\frac{1}{9}$, $\frac{15}{16}$.

2. $\frac{1}{12}$.

3. D.

4. $\frac{1}{2}$.

5. 略.

6. C.

7. 略.

8. 0.0228.

9. (1) 0.1802; (2) 443.

10. 0.0228

11. 0.9995.

12. 537.

13. 0.9981.